中国常见海洋生物原色图典

鸟类 爬行类 哺乳类

总 主 编 魏建功

分 册 主 编 刘 云

分册副主编 张培君

中国海洋大学出版社

·青岛·

图书在版编目（CIP）数据

中国常见海洋生物原色图典. 鸟类 爬行类 哺乳
类 / 魏建功总主编；刘云分册主编. —青岛：中国海
洋大学出版社，2019.11（2022.7重印）
ISBN 978-7-5670-1742-9

Ⅰ.①中… Ⅱ.①魏… ②刘… Ⅲ.①海洋生
物—鸟类—中国—图集 ②海洋生物—爬行纲—中
国—图集 ③海洋生物—哺乳动物纲—中国—图
集 Ⅳ.①Q178.53-64

中国版本图书馆CIP数据核字（2019）第247265号

出版发行	中国海洋大学出版社
社　　址	青岛市香港东路23号　　邮政编码　266071
网　　址	http://pub.ouc.edu.cn
出 版 人	杨立敏
责任编辑	邓志科　　　　　　　电　　话　0532-85901040
电子信箱	dengzhike@sohu.com
印　　制	青岛国彩印刷股份有限公司
版　　次	2020年5月第1版
印　　次	2022年7月第3次印刷
成品尺寸	170 mm × 230 mm
印　　张	12
字　　数	120千
印　　数	5001～7000
定　　价	68.00元
订购电话	0532-82032573（传真）

发现印装质量问题，请致电0532-58700166，由印刷厂负责调换。

总前言

　　生命起源于海洋。海洋生物多姿多彩，种类繁多，是和人类相依相伴的海洋"居民"，是自然界中不可缺少的一群生灵，是大海给予人类的宝贵资源。

　　当人们来海滩上漫步，随手拾捡起色彩缤纷的贝壳和海星把玩，也许会好奇它们有怎样一个美丽的名字；当人们于水族馆游览，看憨态可掬的海狮和海豹或在水中自在游弋，或在池边休憩，也许会想它们之间究竟是如何区分的；当人们品尝餐桌上的海味，无论是一盘外表金黄酥脆、内里洁白鲜嫩的炸带鱼，还是几只螯里封"嫩玉"、壳里藏"红脂"的蟹子，也许会想象它们生前有着怎样一副模样，它们曾在哪里过着怎样自在的生活……

　　自我从教学岗位调到出版社从事图书编辑工作时起，就开始调研国内图书市场。有关海洋生物的"志""图鉴""图谱"已出版了不少，有些是供专业人员使用的，对一般读者来说深奥晦涩；还有些将海洋生物和淡水生物混编一起，没有鲜明的海洋特色。所以，在社领导支持下，我组织相关学科的专家及同仁，编创了《中国常见海洋生物原色图典》，以期为读者系统认识海洋生物提供帮助。

　　根据全球海洋生物普查项目的报告，海洋生物物种可达100万种，目前人类了解的只是其中的1/5。我国是一个海洋大国，东部和南部大陆海岸线1.8万多千米，内海和边海的水域面积为470多万平方千米，海洋生物资源十分丰富。书中收录的基本都是我国近海常见的物种。本书分《植物》《腔肠动物 棘皮动物》《软体动物》《节肢动物》《鱼类》《鸟类 爬行类 哺乳类》6个分册，分别收录了153种海洋植物，61种海洋腔肠动物、72种棘皮动物，205种海洋软体动物，151种海洋节肢动物，172种海洋鱼类，11种海洋爬行类、118种海洋鸟类、18种哺乳类。对每种海洋生物，书中给出了中文名称、学名及中文别名，并简明介绍了形态特征、分类地位、生态习性、地理分布等。书中配以原色图片，方便读者直观地认识相关海洋生物。

限于编者水平，书中难免有不尽如人意之处，敬请读者批评指正。

魏建功

前言

　　有一天，有个小男孩望着大海问我："什么是海洋？"在海洋馆中，也总有无数好奇的眼睛，被神奇的海洋生物所吸引，总要不自觉地问："它们叫什么名字？它们为什么能生活在海洋？哪里能找到它们？它们吃什么？……"

　　法国导演雅克·贝汉与雅克·克鲁奥德的纪录片《海洋》将我们带入覆盖着地球约71%的"蓝色领土"，在这个幽深而宽广的神秘世界中，生活着无数形形色色的海洋生物，它们有的很微小，小到我们需要用显微镜去观察，比如海洋微生物、海洋病毒等，它们有的又很庞大，大到不可思议，比如鲨鱼、鳐鱼、鲸鱼和海牛等。

　　那么，什么是海洋生物呢？海洋生物是指以海洋为生活环境的各种生物的统称，按照生活习性，可分成浮游生物、底栖生物和游泳生物。我们的这本书就来介绍海洋中除海洋鱼类之外3类最引人注目的生物——海洋鸟类、海洋爬行类和海洋哺乳类，也就是我们常说的海鸟、海龟和海蛇、鲸豚等，它们都属于高等的脊椎动物。

　　一提到海洋生物，人们就想到生活在海洋里面的各种生物，却总是想不到还有那些在海洋上空飞翔、在海面游泳的海洋鸟类，如鸥、燕鸥、贼鸥、信天翁、军舰鸟、鲣鸟、海燕、鹲鸟和鹱等，它们也像企鹅和海雀一样依赖着海洋，并通过游泳、潜水等方式从海洋中取得食物，同时能把多余的盐分排出体外。目前，全球已知的鸟类近万种，典型的海洋鸟类却只有295种左右，当然，除了喜欢在近岸沿海生活的各种鸥外，它们多数生活在远离大陆的海洋和岛屿上，日常生活中可能并不容易看见，但是，我们可以在各种博物馆、海洋馆和科技馆中发现它们的身影。

　　爬行类一般生活在干燥的陆地上，大约从2亿年前进化而来，现记载约6550种，它们已经高度适应了陆地生活，但只有一小部分返回海洋成为海洋爬行类，如各种海龟和海蛇，并在形态结构上与陆生爬行类存在明显区别。多数海龟生活于浅海、海湾、潟湖、珊瑚礁或入海口。世界上海龟约7种，我们国家有5种，如绿海龟、棱皮龟、玳瑁、太平洋丽龟和蠵龟，都是重点保护动物，数量比较稀少，面临着栖息地丧失、环境污染等危险，在《国际野生动物贸易公约》中规定不允许有任何海龟制品交易；海蛇也属于海洋爬行类，它们尾部侧扁、鼻孔有瓣膜、肺容量很大，全世界记录约55种，主要分布于太平洋、印度洋的热带海洋，我们国家有16种左右，生活在从辽宁到台湾大陆架和海岛周围的浅水中，如青环海蛇、长吻海蛇、海蝰、小头海蛇等，所有的海蛇都是有剧毒的动物。

海洋哺乳动物就是人们常说的海兽，是海洋中的霸主，它们虽然和陆生哺乳动物一样，还要用肺呼吸、胎生哺乳，但也在长期适应水生环境中形成了自己独特的身体结构，比如流线型的体型、厚厚的脂肪层、前肢特化成鳍状、后肢退化、用尾鳍来推进游泳运动和维持身体平衡等。海兽分布极广，全世界现存约130种，在世界各个大洋中都能发现它们的踪迹。鲸是海中巨兽，有的有牙齿，有的有鲸须，它们吃海洋中的鱼类、乌贼、虾蟹，甚至是海豹、海豚；海狮、海豹、海狗、海象也是肉食者，吃一些鱼类、磷虾和软体动物；海牛是海兽中的"素食者"，专门吃海底的各种海草，食量很大；安徒生童话中美人鱼的故事让人们读之不由得落泪，讲述的是一位美人鱼为了能够和王子在一起，不惜冒着化成泡沫的危险成为人类的故事，真正的美人鱼长得怎样？它又是如何繁殖的呢？可惜的是，儒艮（俗称"美人鱼"）在我国水域已经极少见到，只能在博物馆里面看见它们，这真是件悲哀的事！很多以前常见的种类越来越少了，甚至已经到了濒危的边缘！"人类弄脏了大海，现在改变还来得及！"海洋的美丽或悲哀，都与人类息息相关，不要等到只剩下人类再空叹息，海洋美丽的生灵等待我们保护！让人类与海洋生物共存！

本书分为3大部分，第一部分为海洋鸟类，介绍海洋鸟类的特点、分类、取食方式、对天气的适应、繁殖、迁徙和生态意义等，重点介绍我国海洋鸟类的种类、形态特征、生活习性和地理分布以及我国没有、但在水族馆常见的企鹅。第二部分为海洋爬行类，介绍了海龟和海蛇适应海洋生活的结构特征、鉴别、繁殖和保护等，重点介绍了主要种类的分类地位、形态特征、生活习性、地理分布和种群现状等，这两部分均由中国海洋大学刘云完成。第三部分是海洋哺乳类，讲述了海洋哺乳类的种类、食性、繁殖和面临的主要问题，介绍了主要种类的形态特征、生活习性和地理分布等，这部分主要由中国科学院深海科学与工程研究所海洋哺乳动物与海洋生物声学研究室张培君完成。中国海洋大学曾晓起对全书的编写提出了中肯的建议，并提供了部分鸟类图片，青岛市观鸟协会副会长徐克阳对全书进行了校审。洛阳龙门海洋馆创始人丁宏伟提供了大量海洋哺乳动物图片，中国科学院深海科学与工程研究所海洋哺乳动物与海洋生物声学研究室李松海对第三部分编写提出了中肯的建议，高海钰、韦正志、李永川参与了第三部分的写作，林明利、刘明明提供了部分图片。中国科学院水生生物研究所张先锋、王超群，中国科学院国际合作局先义杰，辽宁省海洋水产科学研究院马志强，大连水生野生动物圣亚救护中心提供了部分海洋哺乳动物图片。在此一并谨致诚挚的谢忱！

　　限于水平有限，书中的疏漏和不当之处尚请批评指正！

　　　　　　　　　　　　　　　　　　　　　　　　　　刘　云

CONTENTS

目录

鸟 类

爬行类

哺乳类

红嘴鸥　摄影：刘云

鸟　类

概述

目前已知典型的海洋鸟类有295种，约占世界鸟类总数的3%。在我国自然分布的海洋鸟类除了没有企鹅目的企鹅之外，其他目的种类都有分布，约83种，如䴙、信天翁、海燕、鹲、鹈鹕、鲣鸟、鸬鹚、军舰鸟、贼鸥、鸥、燕鸥和海雀等。海洋鸟类是在长期进化过程中适应海洋环境的游禽，具有盐腺可以排出多余盐分并在海水中取食；具有较高的飞翔或潜水能力，同时具有良好的防水性或保温性能。取食方式多种多样，全部食物或主要食物从海里获得，鱼类、贝类、甲壳类动物都是它们的主要食物来源。大多数海洋鸟类具有强大的飞翔能力。由于海洋鸟类绝大多数时间在海上飞行，热量散失较快，大多数海洋鸟类具有特殊的体温调节能力。

鹱形目

　　鹱形目的主要特征是鼻孔成管状，左、右鼻孔并列在嘴峰两侧，所以也叫管鼻类。包括信天翁、鹱、海燕和鹈燕。鹱形目都是善于飞翔的大洋性大、中型海鸟，翅尖长，羽毛多为灰褐色；上喙由多个角质片构成，先端锐利，弯曲成钩状；脚趾间具全蹼，具有发达的泌盐腺。由于翅尖长，除鹈燕外，绝大多数鹱形目种类飞翔力极强，绝大多数时间是在海面滑翔，偶尔落在水面摄食、休息或潜水，在地面行走笨拙。食物为鱼、虾、乌贼和其他海洋生物。在受惊吓或受干扰的时候，能从鼻孔和口排出油腻物质。

　　鹱形目记载有100多种，分布于世界各个大洋。我国记载有16种。

鹱形目鸟类

小贴士

　　管状鼻孔：鼻孔呈管状在进化上的意义至今还不太清楚，一种说法是由于一些鹱类通过管状鼻孔排出泌盐腺分泌的盐滴，使得鹱形目鸟类成为具有较为灵敏嗅觉的极少数鸟类之一；另一种说法是，管状鼻孔可以使得这些鸟类对空气压力变化感觉更为灵敏，能测出空气流动的速度。

飞翔的黑背信天翁

黑背信天翁

学　　名　*Phoebastria immutabilis*

分类地位　鹱形目信天翁科

形态特征　嘴呈肉粉色，尖端颜色深。成鸟眼周围灰黑色。除背羽、翼羽、尾羽深褐色外，其他羽均呈白色。翼下白色，翼缘黑褐色，脚呈粉灰色。

生态习性　除繁殖期外，终年在海上漂泊觅食。繁殖期在海岛上。单独或小群活动，以鱼、虾等为食。

地理分布　冬候鸟，分布于东海，见于我国福建、台湾海域。

小贴士

在希腊神话中有一位受人尊敬的英雄叫狄俄墨得斯。相传，他曾统率80艘希腊战船，在特洛伊战争中立下奇功。战后，在一次航行中，他的船队遇到暴风雨，他们随风漂到意大利海岸。于是，他在那里建立了一个小王国，自任国王，直到去世。他死后，他的同伴全部变成鸟，传说这些鸟就是信天翁。

陆上行走的黑背信天翁

飞翔的黑脚信天翁

黑脚信天翁

学　　名　*Phoebastria nigripes*

分类地位　鹱形目信天翁科

形态特征　成鸟嘴黑褐色，全身黑褐色，脚黑色，只有嘴基部周围的羽、眼后方的羽、尾上的羽和尾下覆羽可见白色。

生态习性　除繁殖期外，终年在海上漂泊觅食。单独或小群活动，以鱼、虾等为食。喜欢尾随渔船，捡拾丢弃的杂鱼。繁殖期在海岛上，营巢于岛上的岩石洞穴，巢为浅盆状。

地理分布　种群数量很稀少。常年见于台湾海峡及台湾以东海域。记录于山东、浙江、福建、台湾和海南海域。

小贴士

　　迷信的水手将信天翁视为是不幸葬身大海的同伴亡灵再现，因此深信杀死一只信天翁必会招来厄运。英国诗人柯勒律治曾于1798年写下一首叙事长诗《古代水手的诗韵》叙述了在一只信天翁被枪杀后灾难是如何降临到一艘船上的。诗中描绘："南来的好风在船后吹送，船旁紧跟着那头信天翁，每天为了食物或玩耍，水手们一招呼它就飞进船中！它在桅索上栖息了九夜，无论是雾夜或满天阴云，而一轮皎月透过白雾，迷离闪烁，朦朦胧胧。上帝保佑你吧，老水手！别让魔鬼把你缠住身！——你怎么啦？——是我用弓箭，射死了那头信天翁。"

小群活动的黑脚信天翁

短尾信天翁局部

短尾信天翁

学　　名　*Phoebastria albatrus*

分类地位　鹱形目信天翁科

形态特征　成鸟体型较大。嘴呈粉红色，前端偏蓝。体羽背部白色，头顶、颈部淡黄，翼外侧和尾羽末端黑色。脚呈淡蓝色。

生态习性　除繁殖期外，大部分时间生活在海上。短尾信天翁吃鱼类、蟹类，除争食外从不鸣叫。短尾信天翁可以活40～60年，每年11～12月份在岛上集群繁殖，地面筑巢，比较简陋，产1枚卵，白色或乳白色，雌雄共同孵卵75～82天，雏鸟约40天离巢，幼鸟需经9～12年才能达到性成熟。

地理分布　夏候鸟和旅鸟。分布于我国东部沿海，繁殖于台湾附近鸟屿，记录于山东、广东、台湾海域。国家I级重点保护动物，世界自然保护联盟（IUCN）濒危物种红色名录评估等级为易危（VU）。

短尾信天翁

小贴士

　　中途岛位于太平洋"心脏地"，距离最近的大陆也有2 000英里。这个曾在"二战"中扮演过重要角色、现在却罕有人至的小岛，每年七八月份，数以万计的成年信天翁在此繁殖，然而，这些悠然自得的"岛主"却在遭受有史以来最大的威胁。克里斯·乔丹的一组《中途岛——来自海洋环流的信息》纪录片反映了烈日下腐化的幼年信天翁尸体，它们肚子里全是未分解的彩色塑料垃圾：打火机、瓶盖子、梳子、牙刷柄、各种形状的塑料碎片……这些塑料，正是信天翁父母飞越千里为自己的孩子带回的"食物"。

黑叉尾海燕

黑叉尾海燕

学　　名 *Hydrobates monorhis*

别　　名 臭燕子

分类地位 鹱形目海燕科

形态特征 通常体型较小，全身黑色，喙小而弯曲，脚呈黑色。尾短，有浅分叉。

生态习性 黑叉尾海燕具有长腿和尖短的翅，可以在暴风中飞翔，在海面上悬停、"点水"和用脚拍打水面。但是它们腿部肌肉不强，难以支撑它们在陆地行走。发现在山东大公岛、江苏车牛山岛上筑巢，也在台湾附近无人岛屿上繁殖。每年春季常同鹱类一起在岛屿繁殖，每窝产卵1枚。

地理分布 夏候鸟。辽宁、河北东部、山东东部、江苏、上海、浙江、福建、广东、台湾海域均有记录。主要分布于山东以南的沿海岛屿。

黑叉尾海燕

小贴士

　　臭燕子的由来：黑叉尾海燕白天常在海上，夜间栖息于海岛，栖息之地鸟粪堆积，臭气冲天，受到威胁时，鼻孔射出腥臭黏液，还能呕吐胃里食物。

飞翔的白腰叉尾海燕

白腰叉尾海燕

白腰叉尾海燕

学　　名　*Hydrobates leucorhous*

分类地位　鹱形目海燕科

形态特征　嘴、脚呈黑色，全身深褐色，腰两侧和尾上覆羽呈白色，尾叉较深。

生态习性　大洋性海鸟。终年在海上漂泊，繁殖期在小岛上。飞行飘忽不定，吃鱼、甲壳动物及软体动物。

地理分布　迷鸟，数量稀少，在我国记录于黑龙江、台湾海域。

褐翅叉尾海燕局部

褐翅叉尾海燕

学　　名　*Hydrobates tristrami*

分类地位　鹱形目海燕科

形态特征　与黑叉尾海燕相似，但体型要大，通体呈深褐色，翅上覆羽呈棕灰色，形成明显的浅色翼带。腰部为浅褐色，尾部分叉比黑叉尾海燕要深。虹膜深褐色，嘴和脚黑色。

生活习性　大洋性鸟类。常单独或小群活动。飞行飘忽不定，在海面上取食。吃小鱼、虾和软体动物。

地理分布　迷鸟。我国仅在台湾附近海域有记录。

褐翅叉尾海燕

黄蹼洋海燕

学　　名 *Oceanites oceanicus*

别　　名 烟黑叉尾海燕、烟黑洋海燕、长脚白腰海燕

分类地位 鹱形目海燕科

形态特征 体型较小，通体深褐色。尾短而平，腰及尾下覆羽白色，脚为黑色，蹼黄色。两翼宽而短。

生活习性 单独或结小群活动。飞行低，振翼松散，不时作短暂滑翔，有时倾斜或翻滚。取食时，停于空中振翼或双脚下悬拍打水面。常跟随船只飞行。

地理分布 分布状况不确定。记录于江苏沿海。

黄蹼洋海燕各种姿态

黄蹼洋海燕

飞翔的暴风鹱

暴风鹱

学　　名　*Fulmarus glacialis*

别　　名　北方白腹穴鸟、暴雪鹱

分类地位　鹱形目鹱科

形态特征　形态似鸥，身体呈灰白色。嘴粗短，黄色，基部带蓝色，鼻孔呈管状。

生态习性　典型的大洋性海鸟。在海上飞行时通常不发出声音，但成群觅食时会发出带喉音的嘎嘎声，喜欢跟随船只飞行。

地理分布　迷鸟。分布于北半球高纬度地区的海域。偶见于辽宁东部沿海。

游泳的暴风鹱

白额圆尾鹱

学　　名	*Pterodroma hypoleuca*
别　　名	白腹穴鸟（台湾）、圆尾鹱、点额圆尾鹱、白额短尾鹱
分类地位	鹱形目鹱科
形态特征	额白色，上体灰黑色，下体白色，翼后缘为黑色，尾灰黑色。
生态习性	在海上飞行时不会发出声音，结群繁殖，不追随船只。
地理分布	分布于西太平洋海岸和岛屿，偶见于福建和台湾沿海。

巢中的白额圆尾鹱

白额圆尾鹱局部

钩嘴圆尾鹱

学　　名　*Pseudobulweria rostrata*

分类地位　鹱形目鹱科

形态特征　体型略小（39 cm）。腹部呈白色，头及胸呈黑色，楔形尾黑色。脚偏粉色，具黑色蹼。翅尖而长，飞翔时翼下黑褐色，覆羽末端浅白色，在黑色翼下形成一条淡色斑，极为醒目。

生态习性　不常跟随船只飞行，因而很少被发现。可于海面上翻飞和翱翔。

地理分布　罕见迷鸟。分布于太平洋西部热带和亚热带海域，见于我国台湾。

钩嘴圆尾鹱

海上飞行的钩嘴圆尾鹱

白额鹱

学　　名　*Calonectris leucomelas*

别　　名　大水薙鸟（台湾）、大灰鹱

分类地位　鹱形目鹱科

形态特征　前额、头顶以及头、颈部为白色，点缀有褐色纵纹，上体呈暗褐色，下体纯白[*]。

生态习性　常成群逐食，在山东青岛附近岛屿繁殖，每年4月份迁来，6月下旬为繁殖盛期，在岩石洞穴中筑巢，产1枚卵，双亲交替孵卵，常在凌晨进行轮换，不坐巢的亲鸟在附近海域觅食。

地理分布　在台湾及澎湖列岛为留鸟，在辽东半岛为夏候鸟，其余地区多为旅鸟。辽宁东南部、山东东部、安徽、江西、江苏、上海、浙江、福建、广东、香港、海南、台湾均有记录。

白额鹱

———————————

[*]上体：指身体的上表面；下体：指身体的下表面，由喉部至尾下覆羽。

楔尾鹱

楔尾鹱的蛋

学　　名　*Ardenna pacifica*

别　　名　曳尾鹱、长尾水薙鸟（台湾）

分类地位　鹱形目鹱科

形态特征　嘴细长，铅灰色。全身黑褐色，脚粉红色。尾羽长，楔形。飞行时脚不露出尾端。

生态习性　大洋性海鸟，终年在海上漂泊，平时会浮游在海面或潜水觅食。

地理分布　迷鸟。繁殖于印度洋和太平洋热带海域的岛屿。数量稀少，上海、海南、台湾有记录。

巢中的楔尾鹱

海上活动的楔尾鹱

游泳的灰鹱

灰　鹱

学　　名　*Ardenna grisea*

别　　名　灰水薙鸟（台湾）

分类地位　鹱形目鹱科

形态特征　嘴较细长，铅灰色。脚灰褐色。全身大致黑色。尾部羽毛比楔尾鹱短，圆尾。

生态习性　大洋性海鸟，终年在海上漂泊，在小岛上繁殖。在海上不发出声音。

地理分布　迷鸟。数量稀少。分布于南太平洋和南大西洋，福建、台湾有记录。

飞翔的灰鹱

短尾鹱

学　　名　*Ardenna tenuirostris*

分类地位　鹱形目鹱科

形态特征　嘴比楔尾鹱短，灰黑色。全身黑褐色，脚灰黑色。尾羽短，飞行时脚伸出尾端。与灰鹱的区别为嘴较短，翼下覆羽银色少。

生态习性　大洋性海鸟，终年在海上漂泊，在海上成群活动，吃鱼、虾、鱿鱼等，平时会浮游在海面或潜水觅食，有时尾随船只。

地理分布　迷鸟。数量稀少。分布于南太平洋，河北、浙江、广东、香港、海南、台湾曾有记录。

游泳的短尾鹱

短尾鹱形态

淡足鹱

学 名	*Ardenna carneipes*
别 名	肉足鹱、肉足水薙鸟（台湾）
分类地位	鹱形目鹱科
形态特征	嘴粉色，先端黑色。脚肉粉色。全身黑褐色。尾端圆形。

生态习性 大洋性鸟类。终年在海上漂泊觅食。于澳大利亚、新西兰的海上岛屿繁殖。吃鱼类、甲壳类或鱿鱼。在海上不发出声音。

地理分布 罕见迷鸟。分布于印度洋、太平洋岛屿，有时会进入我国南海。海南、台湾有记录。

海上捕食的淡足鹱

飞翔的淡足鹱

褐燕鹱

学　　名　*Bulweria bulwerii*

别　　名　纯褐鹱、穴鸟（台湾）、燕鹱

分类地位　鹱形目鹱科

形态特征　嘴短，黑色。脚粉色，蹼足黑色。全身暗褐色。尾羽尖长，飞行时，翼上有醒目的弧形粗翼带。

生态习性　大洋性海鸟，繁殖期在小岛挖地洞筑巢，喜欢贴在海面上飞行，吃鱼、甲壳动物或鱿鱼。

地理分布　数量稀少。分布于太平洋中部和大西洋。繁殖于浙江、福建、广东和南海，云南、湖北、海南和台湾有过境记录。

巢中的褐燕鹱

鹲形目鸟类

鹲形目

鹲形目原属于鹈形目。鹲鸟为热带和亚热带海洋性鸟类，体羽白色，有光泽，眼部和双翅有黑斑，喙颜色鲜艳。鹲鸟具有长长的中央尾羽和全蹼足，飞行时姿势非常优美。常于海岛陡崖上成群营巢，能潜入水中捕捉鱼和乌贼。浮在海面上的时候，尾上翘。无集群性，一般单独在海上飞翔。鹲形目只有1科3种，我国有3种，即红嘴鹲、红尾鹲和白尾鹲。主要分布于台湾和南海。

红嘴鹲

学　　名 *Phaethon aethereus*

别　　名 红嘴热带鸟、短尾鹲

分类地位 鹲形目鹲科

形态特征 嘴红色。脚黄绿，蹼黑色。全身大致白色，有黑色过眼线，体背密布黑色细横纹。中央长尾羽为白色。

生态习性 大洋性海鸟。终年在海上漂泊觅食，有时跟随渔船飞翔。在热带海洋小岛上繁殖，结群在悬崖上岩石间筑巢。吃海洋表层的小鱼、甲壳动物、软体动物，飞行灵活。

地理分布 偶见于海南省西沙群岛。

红嘴鹲成鸟和雏鸟

红嘴鹲形态

飞翔的红尾鹲

红尾鹲

学　　名　*Phaethon rubricauda*

别　　名　红尾热带鸟

分类地位　鹲形目鹲科

形态特征　嘴红色，脚灰蓝色，蹼黑色，有黑色过眼线，全身大致白色，中央长尾羽红色。

生态习性　大洋性海鸟。终年飞行在海上觅食，有时跟随渔船飞行。在热带海洋小岛上繁殖，结群在悬崖上岩石间筑巢。吃海洋表层的小鱼、甲壳动物、软体动物，发现食物会俯冲入水。

地理分布　迷鸟。我国有2个亚种，均见于台湾。

红尾鹲雏鸟

中国常见海洋生物原色图典·鸟类 爬行类 哺乳类

飞翔的白尾鹲

白尾鹲

学　　名　*Phaethon lepturus*

别　　名　白尾热带鸟

分类地位　鹲形目鹲科

形态特征　嘴黄色。脚灰黑，蹼黑色。有黑色过眼线，全身大致呈白色，体背有V形黑色翼带。中央长尾羽白色。

生态习性　大洋性海鸟。终年在海上漂泊觅食。在热带海洋小岛上繁殖，结群于岛上或海边高耸悬崖上岩石间筑巢。吃海洋表层的小鱼、甲壳动物、软体动物，飞行轻快灵活，发现食物会俯冲入水。

地理分布　罕见迷鸟。见于我国台湾。

巢中的白尾鹲

鹈形目

　　鹈形目鸟类为大型游禽，主要特征是四趾向前，四趾间有全蹼；颔下常有发育程度不同的喉囊。主要分布于热带和温带。在树上或地面筑巢。世界范围共计有鹈形目5科约97种，包括鹈鹕科约8种、鲣鸟科28种、鹭科59种、锤头鹳科1种和鲸头鹳科1种。其中只有鹈鹕科为海洋性鸟类，显著特征是具有长喙和发达的喉囊，分布在各大陆温暖水域。常群飞群栖，用强大的翅膀拍击水面发出巨大声响。鹈鹕的食物主要是鱼类，可将捕获的鱼储存在喉囊中。我国有3种，即白鹈鹕、斑嘴鹈鹕和卷羽鹈鹕。

鹈形目鸟类

飞翔的白鹈鹕

白鹈鹕

学　　名 *Pelecanus onocrotalus*

别　　名 大白鹈鹕、塘鹅

分类地位 鹈形目鹈鹕科

形态特征 体色较白，嘴呈铅蓝色，眼周围的裸皮呈粉红色且范围较大，胸部为黄色，喉囊黄色，脚粉红色。飞行时翅膀后缘露出较大黑色面积。

生态习性 主要栖息于湖泊、江河和沼泽地带。喜欢结群生活并合作捕鱼，飞行时颈后缩，在树上或芦苇丛中筑巢，通常不发出声音。

地理分布 冬候鸟或旅鸟。见于北京、河南、甘肃、青海、新疆西北部、四川、安徽、江苏、福建。国家Ⅱ级重点保护动物。

白鹈鹕群

飞翔的斑嘴鹈鹕

繁殖期的斑嘴鹈鹕

斑嘴鹈鹕

学　　名　*Pelecanus philippensis*

别　　名　花嘴鹈鹕、灰鹈鹕、塘鹅

分类地位　鹈形目鹈鹕科

形态特征　嘴粉红，有蓝黑色斑点，喉囊为紫色带黑色云斑，头和后颈有长而蓬松的长羽，羽色灰色，脚为黑褐色。

生态习性　喜成群活动，栖息于沿海、湖泊及江河中，善于游泳，常在岛屿地面上筑巢。双翼巨大，飞翔能力强，速度快。主要吃鱼类、甲壳类、两栖类和鸟类。斑嘴鹈鹕常在浅滩捕捉猎物，有时也从空中直冲入水捕食鱼类。

地理分布　罕见。冬候鸟或旅鸟。主要分布于华东及华南沿海。河北、北京、山东、云南南部、江苏、上海、浙江、福建、广东、广西、海南曾有记录。国家 II 级重点保护动物。

卷羽鹈鹕

学　　名　*Pelecanus crispus*

别　　名　塘鹅

分类地位　鹈形目鹈鹕科

形态特征　眼周围的裸皮是黄色的，嘴呈灰绿色，下颌有乳黄色的喉囊，繁殖期会变成鲜橙色，脚灰黑色；成鸟全身呈灰白色，头后面有卷曲而散乱的短羽冠。

生态习性　善于飞行和游泳，喜欢群居，在水面用喉囊捕鱼，也吃甲壳类、蛙和软体动物。

地理分布　数量稀少。于新疆繁殖，越冬飞至福建、广东沿海。国家Ⅱ级重点保护动物。

卷羽鹈鹕形态

鲣鸟目

　　鲣鸟目大多是大型海洋性鸟类，常结群在海岛或沿海陡峭崖石间营巢，为日行性，互相之间很少靠声音联络，而多以一套成型的复杂行为来联系。有些种类喜在沿岸或远洋生活，分布在热带海洋和岛屿，另有些种类如鸬鹚等，可以深入内陆湖泊捕食鱼、虾和软体动物。繁殖时集群，在平坦地面、悬崖峭壁、树上或灌木丛中筑巢。包括3科，即军舰鸟科、鲣鸟科和鸬鹚科。

红脚鲣鸟（左）和褐鲣鸟（右）

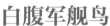

白腹军舰鸟雌雄对比

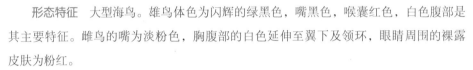

雄鸟

白腹军舰鸟

学　　名　*Fregata andrewsi*

分类地位　鲣鸟目军舰鸟科

形态特征　大型海鸟。雄鸟体色为闪辉的绿黑色，嘴黑色，喉囊红色，白色腹部是其主要特征。雌鸟的嘴为淡粉色，胸腹部的白色延伸至翼下及领环，眼睛周围的裸露皮肤为粉红。

生态习性　雄性白腹军舰鸟在求偶时喉囊会鼓起。它会捕食水面和浅滩中的鱼类，也经常抢夺其他海鸟所捕获的鱼，故又被称为"海盗鸟"。

地理分布　极稀少。分布于印度洋。我国偶见于福建、广东南部、香港、广西、海南。国家Ⅰ级重点保护动物，IUCN红色名录评估等级为极危（CR）。

　白腹军舰鸟亚成鸟

黑腹军舰鸟

学　名　*Fregata minor*

别　名　军舰鸟

分类地位　鲣鸟目军舰鸟科

形态特征　嘴是细长的，前端有钩，雄鸟的嘴为灰蓝色，雌鸟的嘴为粉色，成鸟的脚为暗红色，幼鸟的脚是灰蓝色。雄鸟全身大致黑色，有红色的喉囊；雌鸟的喉灰色，有粉红色眼圈，上腹是白色的，没有喉囊。与其他军舰鸟的区别是体型大，翅下没有白斑。

生态习性　大洋性海鸟，终年在海上漂泊觅食，也会靠近海岸，在热带海洋小岛繁殖。飞行灵活，平时在海洋上空盘旋、巡戈，也常抢夺鲣鸟、海鸥的猎物，繁殖时雄鸟的喉囊鼓胀。

地理分布　分布于热带海洋。繁殖于海南。主要分布于中国南海，偶尔会在中国南部沿海至江苏及河北见到。记录于河北东北部、山东东部、江苏、上海、浙江、福建、广东、香港、海南以及台湾。

> **小贴士**
>
> 军舰鸟的英语frigate意思是三帆快速战舰，是帆船时代常用的海盗船，frigatebird有军舰鸟和强盗鸟双重含义，因为它们经常抢夺别的海鸟的猎物。

成对的黑腹军舰鸟

雄性黑腹军舰鸟

白斑军舰鸟亚成鸟

白斑军舰鸟

学　　名　*Fregata ariel*

分类地位　鲣鸟目军舰鸟科

形态特征　比黑腹军舰鸟小，嘴细长而前端有钩，雄鸟的嘴为灰蓝色，雌鸟的嘴为粉色，成鸟的脚呈暗红色。雄鸟全身大致黑色，仅两胁部和翼基部是白色的，红色喉囊；雌鸟有粉红色眼圈，没有喉囊，胸腹部有凹形白斑。

生态习性　大洋性海鸟，终年在海上漂泊觅食，也会靠近海岸，在热带海洋小岛繁殖。吃海洋表层的鱼、虾，也吃漂浮的动物尸体，不擅长游泳和潜水，飞行能力强，常抢夺其他海鸟的猎物，有时也吃海鸟的卵和幼鸟。繁殖时雄鸟会鼓起喉囊向雌鸟炫耀。

地理分布　为罕见夏候鸟，繁殖于海南西沙群岛和南沙群岛。非繁殖季节会四处游荡，在我国东部和南部沿海有记录，最北到北京等内陆地区。记录于北京、山东、河南、江西、江苏、上海、福建、广东、香港、海南省西沙群岛及南沙群岛以及台湾。

白斑军舰鸟雄鸟

蓝脸鲣鸟

学　　名　*Sula dactylatra*

分类地位　鲣鸟目鲣鸟科

形态特征　成鸟的嘴是黄色的，眼睛周边的裸皮为蓝黑色，体白色，脚灰绿色。飞行时，能看到黑白色飞羽和黑色尾羽。

生态习性　大洋性海鸟，除繁殖期外，终年在热带、亚热带海上漂泊觅食，有时停留在漂浮物上或在海面上浮游。常在海上单独或成群活动。平时在海面上滑翔，发现猎物时会俯冲而下捕食，吃小鱼、甲壳动物、软体动物等。

地理分布　少见夏候鸟。分布于热带海洋。我国记录于福建、台湾。在钓鱼岛和赤尾岛有繁殖。国家Ⅱ级重点保护动物。

蓝脸鲣鸟形态

繁殖期的蓝脸鲣鸟

红脚鲣鸟

学　名 *Sula sula*

分类地位 鲣鸟目鲣鸟科

形态特征 成鸟的嘴是灰蓝色的，嘴基为粉红色，头、颈部为乳黄色，体白色，脚呈鲜红色。

生态习性 大洋性海鸟，除繁殖期外，终年在印度洋、太平洋等热带、亚热带海上漂泊觅食，喜欢在植被丰富的小岛的矮灌丛上集群繁殖。常在海上单独或成群活动。平时在海面上滑翔，发现猎物会俯冲下来捕食，吃表层的小鱼、甲壳动物、软体动物等。

地理分布 分布于浙江、广东、香港、台湾、海南西沙群岛（繁殖地），为南海地区性常见种。国家Ⅱ级重点保护动物。

红脚鲣鸟　摄影：曾晓起

飞翔的褐鲣鸟

褐鲣鸟

学　　名 *Sula leucogaster*

别　　名 白腹鲣鸟（台湾）

分类地位 鲣鸟目鲣鸟科

形态特征 成鸟的嘴呈乳黄色，雄鸟眼睛周围的裸皮为淡蓝色，除腹部和翼下是白色以外，全身大致呈深褐色，脚为黄绿色。

生态习性 大洋性海鸟，除繁殖期外，终年在热带、亚热带海上漂泊觅食，有时在漂浮物上停留或在海面上浮游。常在距离海岸不远的海面上觅食，偶尔会进入内陆。喜欢在海上成群活动。善于潜水和游泳，平时在海面上滑翔，发现猎物会俯冲而下捕食，吃小鱼、甲壳动物、软体动物等。

地理分布 分布于全球热带、亚热带海域。从山东东部到台湾沿海均有记录，主要分布于南海。在海南西沙群岛和台湾兰屿岛上有繁殖。国家 II 级重点保护动物。

褐鲣鸟形态

中国常见海洋生物原色图典·**鸟类 爬行类 哺乳类**

黑颈鸬鹚

学　名 *Microcarbo niger*

分类地位　鲣鸟目鸬鹚科

形态特征　体型最小的鸬鹚。全身呈黑色，嘴为褐色，脚是黑色的。

生态习性　栖息于湖泊、沼泽及河岸，成群活动，于水边树枝上营巢。

地理分布　罕见繁殖鸟，见于云南西部和南部。国家Ⅱ级重点保护动物。

黑颈鸬鹚

黑颈鸬鹚（左三只）和普通鸬鹚（右三只）

海鸬鹚

学　　名　*Phalacrocorax pelagicus*

分类地位　鲣鸟目鸬鹚科

形态特征　体型较其他鸬鹚小，全身是黑色的，具有绿色的金属光泽，眼睛周围和嘴基部的红色裸皮要比红脸鸬鹚小。

生态习性　海鸬鹚会成群在海岸悬崖顶和峭壁间停留。喜欢沿海面飞行，在海岛附近的海面浮游觅食，主食鱼类。

地理分布　是典型的海洋鸟类。少见。主要栖息在大洋、沿海海岸及河口。在黑龙江、辽宁、山东等北部沿海地区、岛屿为繁殖鸟，在福建、广东、台湾为冬候鸟。国家 II 级重点保护动物。

海鸬鹚形态

游泳的海鸬鹚

红脸鸬鹚形态

红脸鸬鹚

学　　名 *Phalacrocorax urile*

分类地位 鲣鸟目鸬鹚科

形态特征 与海鸬鹚很像，但嘴会短，眼睛周围的裸皮是红色的且范围大，繁殖期头顶羽冠非常明显。

生态习性 常成小群活动。除晚上和休息时到岸上外，其他时间几乎都是在海上活动。善于游泳和潜水，通常会在水面作低空飞行。主要吃鱼类，也吃少量甲壳类等小型海洋动物。

地理分布 罕见冬候鸟。典型的海洋鸟类，主要栖息在大洋、沿海海岸及河口。西伯利亚东部、库页岛、阿留申群岛及日本繁殖，越冬在繁殖地南部到日本和我国辽东半岛沿海。数量稀少。

红脸鸬鹚群

普通鸬鹚幼鸟

普通鸬鹚

学　名　*Phalacrocorax carbo*

别　名　鸬鹚、鱼鹰、水老鸦、水老鸹、海鹚、黑鱼郎

分类地位　鲣鸟目鸬鹚科

形态特征　雌雄相似。眼睛虹膜呈碧绿色。繁殖羽全身都是黑色的，后胁部有大块白斑；嘴睛周围和下嘴基为黄色且具有黑色斑点，脸颊为白色，头颈有大片白色的丝状羽。非繁殖羽头、颈部没有白色的丝状羽，后胁部没有白斑。

生态习性　喜欢在水库、湖泊、河口或沿海岩礁生活。喜欢集群，飞行的时候成"人"字形纵列。会潜水吃小鱼。

地理分布　常见种。广泛分布于我国各省区。

普通鸬鹚

绿背鸬鹚

学　　名　*Phalacrocorax capillatus*

别　　名　丹氏鸬鹚、暗绿背鸬鹚

分类地位　鲣鸟目鸬鹚科

形态特征　和普通鸬鹚很像，但身体背部是墨绿色，有光泽，脸部的白色范围较大，嘴角的黄色裸皮和白色脸颊分界线为尖型。

生态习性　喜欢群居生活，偏好在海岸的峭壁、小岛或礁岩活动，迁徙季节偶尔会在内陆水域看到。

地理分布　少见。分布于太平洋西岸沿海、岛屿。在我国东北沿海少量繁殖，冬季在东南沿海越冬。辽宁、北京、河北、山东、云南南部、浙江、福建、台湾均有记录。

尖型分界线 ———

绿背鸬鹚头部形态

黑嘴鸥、红嘴鸥和红嘴巨燕鸥　摄影：刘云

鸻形目

　　鸻形目种类很多，主要包括鸻鹬类和鸥类，其中海洋种类主要集中在鸥科、贼鸥科和海雀科，我国约有50种，包括人们熟悉的"海鸥"，还有人们不太熟悉的贼鸥、剪嘴鸥和海雀等。

　　海鸥是北温带地区最常见的海鸟，是温带海湾的优势种。海鸥的飞行、游泳和行走能力都较强。我国共有41种鸥科鸟类，如红嘴鸥、黑尾鸥、普通燕鸥等。

　　贼鸥的身体结构与鸥相同，但比鸥强壮，有锋利的爪和钩状喙，适合用于撕裂猎物。贼鸥因其能快速飞行进行掠食而令人印象深刻。国内已知分布有4种，包括南极贼鸥、中贼鸥、短尾贼鸥和长尾贼鸥，以中贼鸥的分布最为广泛。

　　海雀多分布于北半球冷水水域。体型上与企鹅相似，翅小，尾短，腿生于身体后部，繁殖时会长出鲜艳的婚羽。我国有扁嘴海雀、冠海雀、角嘴海雀、长嘴斑海雀和崖海鸦5种。

中国常见海洋生物原色图典·鸟类 爬行类 哺乳类

白顶玄燕鸥

白顶玄燕鸥

学　　名　*Anous stolidus*

分类地位　鸽形目鸥科

形态特征　嘴为黑色；全身呈深烟褐色，脚呈黑褐色；前额、头顶淡灰色，有不完整的白眼圈。

生态习性　平时成群浮在海面，会低飞觅食，吃小鱼、虾和软体动物。

地理分布　少见。生活在热带、亚热带海洋岛屿，在我国浙江、福建、广东、海南、台湾有记录。

白顶玄燕鸥（左）和玄燕鸥（右）

飞翔的白燕鸥

白燕鸥

| 学　名 | *Gygis alba* |

学　名 *Gygis alba*

分类地位 鸽形目鸥科

形态特征 体型小，嘴黑色，全身纯白色，眼圈是黑色的，尾叉小。

生态习性 飞行轨迹呈波浪状，偶尔在海面捕食。

地理分布 迷鸟。极罕见。广泛分布于各大洋的热带和亚热带，我国广东、香港、澳门、海南曾有记录。

白燕鸥的形态

43

三趾鸥

学　　名　*Rissa tridactyla*

分类地位　鸻形目鸥科

形态特征　中等体型。成鸟特点是嘴为黄色，腿呈黑色，没有后趾，翅尖为黑色，尾羽呈白色。越冬成鸟的头及颈背具有灰黑色的月牙形斑。

生态习性　在岩礁悬崖顶和洞穴集群栖息，主要捕食小鱼或软体动物，喜欢跟随船只飞行，吃渔船上人类丢弃的食物残渣。

地理分布　生活在极地周围，多在海洋岛屿附近海面活动，偶尔会在内陆水域见到。为我国罕见冬候鸟。在辽宁、河北、北京、天津、山东、甘肃、新疆北部、云南、四川、江苏、上海、浙江、广东、香港、海南和台湾有记录。IUCN红色名录评估等级为易危（VU）。

三趾鸥繁殖羽　　　　　　　　　　　　　　　　　　　　　　　　三趾鸥非繁殖羽

三趾鸥1龄冬羽

叉尾鸥

学　　名　*Xema sabini*

分类地位　鸻形目鸥科

形态特征　成鸟的嘴细短，黑色，尖端黄色，身体为灰白色。头部的繁殖羽为黑色，非繁殖羽为白色，残留灰黑色，尾羽浅叉。

生态习性　与其他海鸟混群，捕食小鱼、虾或软体动物，也吃昆虫。

地理分布　迷鸟。2013年见于台湾沿海泥滩和大型养殖池塘，偶见于海南南沙群岛。

叉尾鸥幼鸟

叉尾鸥成鸟非繁殖羽

叉尾鸥繁殖羽

细嘴鸥

学　　名　*Chroicocephalus genei*

分类地位　鸻形目鸥科

形态特征　头部比较平，眼睛虹膜呈暗黄或黄白色，眼圈为暗红色，嘴细长，脚为深红色。繁殖羽嘴暗红色，头白色，下体淡粉色，颈、嘴、尾均长。非繁殖羽嘴近黑色，头后黑褐色斑较小且模糊，不如红嘴鸥显著。

生态习性　沿海河口、咸水湖、沼泽或水塘小群活动，有时和红嘴鸥混群，吃小鱼、水生昆虫等。

地理分布　在西伯利亚东北部繁殖，冬季至印度次大陆、东南亚、菲律宾并远及澳大利亚，在亚洲偶见，为我国罕见冬候鸟。北京、河北、天津、新疆、云南、广东、香港有记录。

游泳的细嘴鸥

细嘴鸥群

棕头鸥繁殖羽

棕头鸥非繁殖羽

棕头鸥

学　　名　*Chroicocephalus brunnicephalus*

分类地位　鸻形目鸥科

形态特征　成鸟和红嘴鸥很像，但体型比红嘴鸥大，眼睛虹膜为米黄色。繁殖羽头部为棕褐色，有红色细眼圈，嘴粗，深红色；非繁殖羽头部颜色转为白色，嘴红色，尖端黑色。飞行时黑色翼尖具有白色斑点是本种的识别特征。

生态习性　喜欢成群活动，常和红嘴鸥混群。捕食小鱼、甲壳动物和软体动物，也吃昆虫和人类丢弃的食物残渣。

地理分布　主要分布于新疆、西藏、青海、甘肃和内蒙古内陆水域，越冬于海岸、河口、湖泊、水库和港湾。记录于北京、天津、河北、山东、陕西、内蒙古、甘肃、新疆、西藏、青海、云南、四川、浙江、香港。

红嘴鸥与棕头鸥的繁殖羽对比

47

红嘴鸥成鸟繁殖羽　摄影：刘云

红嘴鸥

学　　名　*Chroicocephalus ridibundus*

分类地位　鸻形目鸥科

形态特征　雌雄形态相似。繁殖羽额、前头和喉部黑褐色，有白色眼圈；体羽浅灰色；后头枕部、颈、下体白色；嘴为暗红色；脚为深红色；站立时翼尖为黑色，白斑不明显或无；飞翔时，翼外侧白色，翼上初级飞羽末端黑色。非繁殖羽头部变成白色，有不明显灰褐色斑块；嘴红色，端部黑色；眼后有黑色斑。1龄冬羽嘴和脚为橘黄色，嘴端黑色；翼有褐色斑块，尾端有黑色横带。与棕头鸥相似，主要区别是虹膜黑褐色而非米黄色，飞行时翼上初级飞羽全为黑色，并没有白斑。

生态习性　常见大群栖息在沿海和内陆水域。取食生活垃圾，食物残渣，鱼、虾和动物尸体，杂食性。

地理分布　常见种，见于各省区。繁殖在中国天山西部地区和东北的湿地。于中国东部及南方湖泊、河流和沿海地带越冬。

小贴士

　　1994年，《青岛晚报》联合青岛市鸟类环志站发起了挽留海鸥行动，在山东省青岛市著名旅游景点栈桥附近进行人工投食招引。从此之后，每年冬季栈桥附近海滨都有上万只红嘴鸥在此处集结，一点儿也不怕人，和人们亲密接触，成为一道美丽的风景。

红嘴鸥成鸟非繁殖羽　摄影：刘云

飞翔的澳洲红嘴鸥

澳洲红嘴鸥

学　　名　*Chroicocephalus novaehollandiae*

别　　名　澳洲银鸥

分类地位　鸻形目鸥科

形态特征　和红嘴鸥很像，但眼睛虹膜为米黄色，眼圈为红色，嘴为深红色、粗厚，脚深红色，翅尖黑色，有细小白斑。

生态习性　吃小鱼、甲壳动物或软体动物，也吃昆虫。

地理分布　罕见迷鸟。主要分布于整个澳大利亚大陆及沿海。2010年记录于我国台湾。

澳洲红嘴鸥群

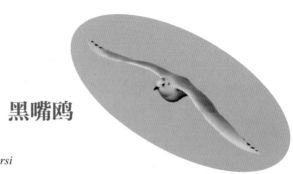

黑嘴鸥

飞翔的黑嘴鸥　摄影：曾晓起

学　　名 *Saundersilarus saundersi*

分类地位 鸻形目鸥科

形态特征 体型小，嘴短、为黑色。繁殖羽头部为黑色，眼周围为白色，脚深红色；非繁殖羽头变成白色，有淡褐色斑，眼前黑色，眼后有黑色斑块。

生态习性 常栖息于沿海滩涂、盐田、沼泽和河口，成小群活动，取食鱼、虾、蠕虫和昆虫。

地理分布 分布广泛，繁殖于辽宁、河北、山东以及江苏沿海。见于黑龙江、吉林、辽宁、天津、河北、山东、内蒙古、云南西北部、安徽、江西、江苏、上海、浙江、福建、广东、香港、澳门、广西、海南、台湾。IUCN红色名录评估等级为易危（VU）。

黑嘴鸥非繁殖羽

小鸥繁殖羽

小 鸥

学　名 *Hydrocoloeus inutus*

分类地位 鸻形目鸥科

形态特征 体型小（26 cm）。繁殖羽头和嘴为黑色，腿为红色。头部的黑色比红嘴鸥要多。飞行时，可见整个翼下颜色较深并有较宽的白色后缘。非繁殖羽头部是白色的，头顶、眼周及耳上所覆羽毛的月牙形斑均为灰色，尾后缘略凹。

生活习性 繁殖期主要栖息在开阔平原上的湖泊、河流、水塘和附近的沼泽地带，非繁殖期主要栖息在海岸、河口和附近的湖泊与沼泽中，尤其喜欢有水生植物生长的水域。常成群活动。飞行轻快、敏捷。主要以昆虫、昆虫幼虫、甲壳动物和软体动物等无脊椎动物为食。主要在水面上觅食，也在飞行时捕食昆虫，偶尔在陆地上觅食。

地理分布 罕见。主要分布于欧洲北部、地中海、西伯利亚、黑海、日本和中国。我国记录于黑龙江、天津、河北、山西、内蒙古、新疆、青海、四川、江苏、上海、香港、台湾。国家Ⅱ级重点保护动物。

小鸥非繁殖羽

楔尾鸥繁殖羽

楔尾鸥非繁殖羽

楔尾鸥

学　名　*Rhodostethia rosea*

分类地位　鸻形目鸥科

形态特征　头部圆，嘴小。繁殖期特征为嘴黑色，腿为红色，颈环黑色，背部浅灰色，下体及楔形尾玫瑰色。越冬成鸟无颈环，玫瑰色很少或没有。楔形尾是其稳定的鉴别性特征。

生态习性　在繁殖期，楔尾鸥主要栖息于北极苔原或森林苔原地带，飞行轻快敏捷，主要以昆虫和昆虫幼虫为食。非繁殖期，主要栖息于开阔的海面上，主要以甲壳动物、软体动物、小鱼等水生动物为食。

地理分布　罕见。分布于北极地区，冬季偶有迷鸟至我国。辽宁和青海有记录。国家Ⅱ级重点保护动物。

弗氏鸥

学　　名　*Leucophaeus pipixcan*

分类地位　鸻形目鸥科

形态特征　繁殖期，嘴红色，头黑色，上、下眼睑白色，脚暗红色，身体为灰、白两色，翅尖黑色，有明显白斑。非繁殖期，嘴转为黑色，尖端红色；头渐渐转成白色，眼周围和耳羽、头顶灰黑色。

生态习性　主要在沿海港湾生活，也到内陆沼泽、水域觅食，吃小鱼、甲壳动物、软体动物或昆虫。

地理分布　主要分布于美洲。迷鸟。记录于天津、河北、台湾。

弗氏鸥繁殖羽

弗氏鸥1龄冬羽

遗 鸥

学　　名　*Ichthyaetus relictus*

分类地位　鸻形目鸥科

形态特征　嘴粗短，深红色；脚深红色。繁殖羽，头部为黑色，有明显的白色宽眼睑。停留时翅尖黑色，有明显白斑。非繁殖羽，头部变成白色，嘴暗红色。飞行时翅尖有大块白斑。

生态习性　喜欢集群活动，吃小鱼、水生昆虫、甲壳动物及少量植物嫩叶。

地理分布　数量稀少。在新疆、内蒙古等草原、沙漠中的湖泊繁殖，迁徙时经过多个沿海省区，于东部沿海越冬。见于吉林、辽宁、北京、天津、河北、山东、山西、陕西、内蒙古、甘肃、新疆、青海、云南、湖北、江苏、上海、福建、香港。国家Ⅰ级重点保护动物。IUCN 红色名录评估等级为易危（VU）。

遗鸥繁殖羽

渔 鸥

飞翔的渔鸥

学　　名　*Ichthyaetus ichthyaetus*

分类地位　鸥形日鸥科

形态特征　繁殖羽，头部为黑色而嘴为黄色，近端处具有黑色及红色环带，上、下眼睑白色，脚绿黄色。非繁殖羽，头部为白色，眼周具有暗斑，头顶有黑褐色纵纹，嘴上红色大部分消失。

生态习性　栖息于海岸、海岛、大的咸水湖。有时也到大的淡水湖和河流生活。常单独或成小群活动。主要吃鱼，也吃鸟卵、雏鸟、蜥蜴、昆虫、甲壳动物类，以及其他动物内脏等。

地理分布　分布于俄罗斯、蒙古南部、中亚沿岸岛屿及内陆水域。我国分布广泛。在西北地区繁殖。见于北京、天津、河北、山东、河南、山西、陕西、内蒙古、宁夏、甘肃、新疆、西藏、青海、云南、四川、湖北、湖南、江西、江苏、上海、福建、广东、香港、台湾。

> **小贴士**
>
> 　　渔鸥可以在嗉囊里储存大量的食物，用以带回巢中回吐给配偶或雏鸟。夜间栖息时，它们的嗉囊通常是饱满的，然后慢慢消化。每过一阵子，消化不了的食物会被成团吐出。通过对吐出的这些东西进行分析，可以很好地了解它们的食性。

游泳的渔鸥

黑尾鸥

学　　名　*Larus crassirostris*

分类地位　鸻形目鸥科

形态特征　繁殖羽头、颈、胸、腹至尾下覆羽白色；背、腰和翼暗灰色；嘴黄色，具有红色端斑和黑色次端斑；尾羽白色，末端有1条宽黑色近端横斑；脚暗黄色。非繁殖羽似繁殖羽，但头后和后颈灰褐色，略具有纵纹。

生态习性　繁殖于岛屿岩壁上。非繁殖期喜欢生活在沿海港湾内。杂食性，常成群活动。

地理分布　常见种，分布广泛。繁殖于辽东半岛南部、河北、山东、江苏、浙江、福建沿海岛屿。

游泳的黑尾鸥　摄影：刘云

飞翔的黑尾鸥　摄影：刘云

飞翔的普通海鸥　摄影：刘云

海边行走的普通海鸥

普通海鸥

学　　名　*Larus canus*

分类地位　鸻形目鸥科

形态特征　体型中等。嘴细，黄绿色，无斑或在近端处具不明显黑斑。腿绿黄色。成鸟头白色，背灰色，尾白色，飞行时翅尖有明显白色翼斑。冬季头及颈部散见褐色细纹。

生态习性　生活于沿海潮间带、泥滩、港口、河口、鱼塘、湖泊、水库等水域。常成群活动，低空掠过水面或在潮间带泥滩觅食，有时追随渔船飞行。主要捕食小型鱼类、甲壳动物和软体动物。

地理分布　主要是冬候鸟。*L.c.kamtschatschensis*亚种除宁夏、西藏外，见于其他省区；*L.c.heinei*亚种见于上海和香港。

小贴士

　　广义的海鸥是鸥科40余种海鸟的总称。海鸥是一类候鸟，身姿健美，惹人喜爱，雌雄相似，但幼鸟带有褐色斑纹，与成鸟差别很大，也是最难辨认的一类海鸟，可发出铃声、笑声、狗吠声、猫叫声和刺耳的哀号声等多种声音。狭义的海鸥特指普通海鸥。

飞翔的灰翅鸥（下方）

站立的灰翅鸥（繁殖羽）

灰翅鸥非繁殖羽

灰翅鸥

学　名 *Larus glaucescens*

分类地位 鸻形目鸥科

形态特征 繁殖羽头、颈和尾部白色；肩、背和翼灰色，喉部至尾下翼羽白色，嘴黄色，有红点，脚粉红色；与北极鸥相似，但翅尖是烟灰色而不是白色，绝对不会有黑色。眼睛虹膜是褐色而不是黄白色；非繁殖羽头后及颈背略具褐色纵纹。

生态习性 大型侵略性鸥类，有时会到垃圾堆中觅食。栖息在海滩或岩石上。以软体动物、甲壳动物、海胆等为食。

地理分布 冬候鸟。分布于亚洲东北部至阿拉斯加和加拿大、美国西部沿海。我国冬季偶见于福建、广东、香港、台湾。

飞翔的北极鸥

北极鸥

学　　名 *Larus hyperboreus*

分类地位　鸻形目鸥科

形态特征　体型较大（可达71 cm）。腿为粉红色，嘴为黄色，下喙端部有红色点状斑点。比其他鸥的色彩都要浅许多。背及翼为灰白色，翼端为白色。越冬成鸟头顶、颈背及颈侧具有褐色纵纹。与灰翅鸥很像，翅尖肯定不会有黑色。但眼睛虹膜是黄色。

生态习性　北极鸥飞翔能力强，也善于游泳，在地上行走得很快。主要在海上和海边活动，即使在繁殖期间也不会远离海岸。主要以鱼、水生昆虫、甲壳动物和软体动物等为食，也吃雏鸟、鸟蛋和从船上扔下的内脏等垃圾。繁殖期也常在苔原陆地上捕食鼠类。

地理分布　北极鸥在北极苔原海岸和岛屿繁殖。非繁殖期主要在海岸栖息。迁徙期间偶尔进入内陆河流。常成对或成小群在苔原湖泊、海岸岩石和沿海上空活动。我国偶见旅鸟，记录于黑龙江、吉林、辽宁、北京、天津、河北、山东、新疆北部、西藏、江苏、上海、浙江、福建、广东、香港和台湾。

北极鸥成鸟与雏鸟

西伯利亚银鸥

学　名　*Larus smithsonianus*

分类地位　鸻形目鸥科

形态特征　体型较大。繁殖羽嘴黄色，下嘴端部有红点；头、颈、下体、腰、尾部都是白色，背部中间为灰色，有黑色翼尖；腿、趾蹼为粉红色。非繁殖羽和繁殖羽相似，*L.s.vegae*亚种头、眼周围有暗褐色纵纹，后颈、胸部密布较粗纵纹，有脏污感，整体看上去头部发灰；*L.s.mongolicus*亚种头、后颈部素净，仅有较少的纵纹，头部发白。

*L.s.vegae*亚种非繁殖羽　摄影：刘云

生态习性　冬季时常和其他银鸥在海岸边集群，取食水中食物和人类扔掉的食物残渣等。

地理分布　繁殖于俄罗斯北部和西伯利亚北部，在我国沿海越冬。*L.s.vegae*亚种除宁夏、西藏、青海外，见于其他省区；*L.s.mongolicus*亚种记录于山东、内蒙古北部、宁夏、湖北、江苏、浙江、上海、福建、广东、香港、台湾。

*L.s.mongolicus*亚种非繁殖羽　摄影：刘云

小贴士

　　银鸥也叫银鸥复合体，这是因为银鸥的分类很复杂，差别很小。它们之间可以杂交，形成中间个体。现代鸟类分类除了用形态学，还可以利用遗传学、声谱学和行为学进行分析。银鸥成鸟（包括灰背鸥）的主要特征：嘴厚度明显大于眼睛的长径；嘴在近端处具有红色斑点，或同时有黑色点斑；翼端一定有黑色羽毛；尾羽纯白色。每年冬季，在青岛极地海洋世界外海边岩礁上集中了各种银鸥，涨潮时会离岸边很近，甚至到岸边抢食，平时集群站立在礁石上，这时候你就可以观察比较不同种类、不同年龄的银鸥啦。

小黑背鸥

学　　名　*Larus fuscus*

别　　名　灰林银鸥、乌灰银鸥、小黑背银鸥

分类地位　鸻形目鸥科

形态特征　繁殖羽嘴黄色，下嘴端部有红点；背及翼深灰色，同黑色翼端无明显对比，脚黄色；非繁殖羽似繁殖羽，头枕部具有较多灰色纵纹，颈部长、头部小。飞行时，第10枚到第4枚初级飞羽先端黑，尖端白，第10枚有较小白翼斑，有些种类第9枚也会有。与灰背鸥相似，但脚不是桃红色。

生态习性　与其他银鸥相似。

地理分布　偶见冬候鸟。在我国东南沿海越冬，迁徙路径会经过新疆北部等地。记录于新疆北部、云南、江苏、江西、浙江、上海、福建、广东、香港、广西。

水中游泳的小黑背鸥（非繁殖羽）　摄影：刘云

站立的小黑背鸥　摄影：刘云
（非繁殖羽）

黄腿银鸥

学　　名　*Larus cachinnans*

别　　名　黄脚银鸥

分类地位　鸻形目鸥科

形态特征　体型较大。上体呈浅灰色至中灰色，腿黄色。冬季鸟头及颈背无褐色纵纹，腿为鲜黄色至肉色。与其他银鸥相比，上体灰色最浅，冬季时腿为鲜黄色至肉色。

生态习性　同其他银鸥。

地理分布　有记录于新疆东部和中部繁殖，在广东、香港、澳门沿海越冬。

站立的黄腿银鸥

鸥群中的灰背鸥   灰背鸥形态 摄影：曾晓起

灰背鸥

学　　名 *Larus schistisagus*

别　　名 大黑脊鸥

分类地位 鸻形目鸥科

形态特征 繁殖羽嘴黄色，下嘴端部有红点；头、颈、下体尾羽白色，但肩背和翼为深灰色，同黑色翼端无明显对比；脚桃红色。非繁殖羽眼周有暗褐色纵纹，后颈为较粗纵斑，有明显的脏污感。飞行时，初级飞羽第10到第5枚先端黑，尖端白，第10到第6枚具有白斑，形成醒目的白色珠链。

生态习性 单独或小群活动。杂食性。

地理分布 在我国东部及东南沿海越冬，迁徙经过东北。记录于黑龙江、吉林、辽宁、北京、天津、河北、山东、内蒙古东部、云南、江西、江苏、上海、浙江、福建、广东、香港、广西、台湾。

中国常见海洋生物原色图典·**鸟类 爬行类 哺乳类**

鸥嘴噪鸥

学　　名　*Gelochelidon nilotica*

分类地位　鸻形目鸥科

形态特征　眼睛虹膜黑色，嘴黑色，短厚，脚黑色。繁殖羽头到后枕为黑色，肩背翼浅灰色，下体白色；非繁殖羽头部变白，眼后有一黑斑，飞行时初级飞羽末端为黑色，尾羽分叉不显著。

生态习性　单只或小群活动，常掠过水面或在泥地捕食，吃昆虫、甲壳动物和小鱼。

地理分布　不常见。指名亚种记录于新疆、内蒙古、辽宁为繁殖鸟；*G.n.affinis*亚种记录于北京、天津、河北、山东、河南、陕西、云南、江苏、上海、浙江、福建、广东、香港、澳门、广西、海南、台湾，为旅鸟或留鸟。

鸥嘴噪鸥繁殖羽

鸥嘴噪鸥群

红嘴巨燕鸥

学　　名　*Hydroprogne caspia*

别　　名　红嘴巨鸥

分类地位　鸻形目鸥科

形态特征　头顶有黑色冠羽，嘴为红色且比较粗壮，上体多为灰色，下体多为白色，尾呈深叉状。

生态习性　动作敏捷，常在水面上空盘旋，俯冲入水捕食各种鱼、虾。繁殖于海滩、湖泊、盐碱地，巢简陋，每窝产卵2～3枚，孵化期20～22天。

地理分布　分布广泛，喜欢在沿海滩涂、湖泊和河口生活。记录于吉林、辽宁、北京、天津、河北、山东、内蒙古、新疆、云南、江西、江苏、上海、浙江、福建、广东、香港、澳门、广西、海南、台湾。

红嘴巨燕鸥形态

红嘴巨燕鸥群体　摄影：刘云

大凤头燕鸥

学　　名　*Thalasseus bergii*

分类地位　鸻形目鸥科

形态特征　体型大，具羽冠。繁殖羽头顶及冠羽黑色，非繁殖羽头顶为白色、冠羽具灰色杂斑。上体灰色，下体白色，尾灰色，脚黑色。嘴绿黄色且稍长，有别于其他凤头燕鸥。

生态习性　栖息于海岸和海岛岩石、悬崖、沙滩和海洋上。常成群活动。主要以鱼类为食。

地理分布　繁殖于华南及东南沿海、台湾及海南岛的小岛屿。记录于上海、浙江、福建、广东、香港、广西、海南、台湾。

捕食中的大凤头燕鸥（非繁殖羽）

大凤头燕鸥（繁殖羽）

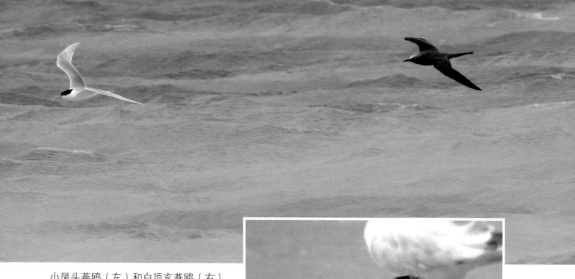

小凤头燕鸥（左）和白顶玄燕鸥（右）

大凤头燕鸥（左）和小凤头燕鸥（右）

小凤头燕鸥

学　　名　*Thalasseus bengalensis*

分类地位　鸻形目鸥科

形态特征　与大凤头燕鸥相似，但体型较小，嘴为橙黄色或橙色而不是绿黄色。

生活习性　主要栖息于开阔的海洋、岛屿、海岸岩石、悬崖、岩礁和海滨地区。常成群活动。主要以小鱼为食。

地理分布　少见旅鸟。见于浙江、福建、广东、香港、海南省南沙群岛。

上图：大凤头燕鸥和中华凤头燕鸥（箭头所指）

右图：大凤头燕鸥（左）和中华凤头燕鸥（右）

中华凤头燕鸥

学　　名　*Thalasseus bernsteini*

别　　名　黑嘴端凤头燕鸥

分类地位　鸻形目鸥科

形态特征　与大、小凤头燕鸥的体色相似。区别在于嘴为橙黄色，先端黑色。上体颜色较浅。

生态习性　同其他凤头燕鸥。会与其他凤头燕鸥混群，喜欢在开阔海域及小型岛屿活动。

地理分布　非常罕见。于我国东部沿海岛屿繁殖，在南海越冬。目前确认的繁殖地为浙江韭山列岛、五峙山列岛和福建马祖列岛。记录于河北、天津、山东、江苏、上海、浙江、福建、广东、海南西沙群岛、台湾。国家Ⅱ级重点保护动物。IUCN红色名录评估等级为极危（CR）。

小贴士

　　神话之鸟：中华凤头燕鸥因其极为罕见、踪迹神秘而被誉为"神话之鸟"。中华凤头燕鸥1861年发现于印尼，1863年被命名，从1937年到2000年，这种鸟长期销声匿迹，直到2000年，才出现在马祖列岛，长期以来被普遍评估为不足50只，被世界自然保护联盟IUCN列入极危物种。2019年10月，青岛市观鸟协会调查员徐克阳、于涛在对山东青岛胶州湾水鸟进行调查时记录到了37只中华凤头燕鸥，这也是目前为止中华凤头燕鸥在全球非繁殖季节的最大一笔记录。

白嘴端凤头燕鸥

学　　名　*Thalasseus sandvicensis*

别　　名　黄嘴凤头燕鸥

分类地位　鸻形目鸥科

形态特征　嘴为黑色，细长，先端为黄白色，与其他凤头燕鸥相区别。成鸟繁殖羽具有蓬松的黑色顶冠羽，非繁殖羽顶冠是黑色的且具白色顶纹。脚为黑色。

生态习性　发现食物会俯冲捕食，食物主要是小鱼。

地理分布　迷鸟。2005年发现于我国台湾。

白嘴端凤头燕鸥

白额燕鸥

学　　名　*Sternula albifrons*

分类地位　鸻形目鸥科

形态特征　体型小。繁殖羽前额白色，头顶、颈背及过眼线黑色，嘴黄色，尖端黑色，脚黄色；冬季，嘴渐渐转成黑色，头顶的白色范围更大，脚暗黄到黑褐色。

生态习性　栖息于内陆湖泊、河流、水库、水塘、沼泽，以及沿海海岸、岛屿、河口和沼泽与水塘等咸、淡水水体中。常成群活动。频繁在水面低空飞翔。搜觅水中猎物。飞翔时嘴垂直朝下，头不断左右摆动。当发现猎物时，会停在原位并频繁鼓动两翼，待找准机会后，立刻垂直下降到水面捕捉，或潜入水中追捕，捕到鱼类后，才从水中垂直升入空中。主要以小鱼、甲壳动物、软体动物和昆虫为食。

地理分布　夏候鸟和旅鸟。*S.a.sinensis*分布于中国大部分地区，除新疆、西藏、广西外，见于其他省区。指名亚种记录于新疆。

白额燕鸥繁殖羽

白额燕鸥繁殖羽

白腰燕鸥

学　　名　*Onychoprion aleuticus*

分类地位　鸻形目鸥科

形态特征　嘴黑色，脚黑色，成鸟前额有三角形白色区域，头顶到后枕为黑色，腰和尾羽为白色，其他部位深灰色到灰紫色，尾羽分叉深。

生活习性　海洋性鸟类。觅食时低空飞行，在水面浅啄，吃小鱼或软体动物。

地理分布　罕见。每年秋季定期迁徙过境。记录于福建、广东、香港和台湾。IUCN红色名录评估为易危（VU）。

白腰燕鸥

白腰燕鸥

褐翅燕鸥

学　　名　*Onychoprion anaethetus*

别　　名　白眉燕鸥

分类地位　鸻形目鸥科

形态特征　体型中等。嘴黑色，脚黑色，成鸟前额白色区域延伸过眼后，背暗灰色，腰、下体和尾羽白色，飞行时翼下后缘呈灰褐色，尾羽深分叉，外侧尾羽白色。与乌燕鸥的区别在于白色前额狭窄且白色眉纹延至眼后。

褐翅燕鸥

生态习性　主要栖息于大海，是典型的海洋鸟类，仅在恶劣气候及繁殖季节才靠近海岸或岛屿。单独或成小群活动，频繁地在海面上空飞翔和在水面上降落。飞行轻盈有力，嘴部垂直朝向水面，缓缓扇动双翅。一旦发现海中猎物即收翅直插水中，然后又直线升入空中。不善潜水。有时会低飞触及水面，也常栖于海面漂浮物上休息，晚上常栖停在航船桅杆上。

地理分布　分布于温带和亚热带地区海洋、岛屿、海湾，在我国记录于浙江、福建、广东、香港、广西、海南、台湾。

小贴士

　　位于广东南澳岛候鸟省级自然保护区的乌屿，已被华南濒危动物研究所确认为全球最北沿的褐翅燕鸥繁殖地。乌屿岛地处汕头市南澳县主岛东南方3.9千米的海面上，位于亚洲鸟类南北迁徙的海上线路上。小岛面积只有0.04平方千米，四周尽是悬崖峭壁，附近海域礁岩棋布，是著名的天然渔场。

褐翅燕鸥

乌燕鸥

学　　名　*Onychoprion fuscatus*

分类地位　鸽形目鸥科

形态特征　似褐翅燕鸥，但背部、翅及尾羽均为黑褐色，前额白色仅延伸到眼上。尾羽分叉深，外侧尾羽白色。

生态习性　栖息在海中小岛的岩壁上。低飞觅食，以鱼类和乌贼为食。

地理分布　分布于各大洋热带海域，在我国为夏候鸟，主要记录于湖北、江苏、浙江、福建、香港、海南省西沙群岛、台湾。

乌燕鸥

乌燕鸥群

河燕鸥

学　　名　*Sterna aurantia*

别　　名　黄嘴河燕鸥

分类地位　鸻形目鸥科

形态特征　头顶是黑色的，嘴大、为黄色，腿红色或橘黄色，尾长而分叉较深。越冬成鸟的嘴端为黑色，额及头顶偏白。

生态习性　栖息在淡水水域。飞行缓慢有力，与其他燕鸥混群。主要以小型鱼类为食，也吃蛙、蝌蚪、甲壳动物和水生昆虫。常在沙洲歇息。

地理分布　罕见，分布于云南西部。国家Ⅱ级重点保护动物。

河燕鸥

河燕鸥繁殖

粉红燕鸥

粉红燕鸥

学　　名　*Sterna dougallii*

分类地位　鸻形目鸥科

形态特征　体型中等，白色的尾非常长而有深叉。嘴黑色，繁殖期转为粉红色，先端黑色，到后期嘴全部变为红色。脚为红色。夏季成鸟头顶为黑色，上体浅灰色，下体白色，胸部淡粉色。非繁殖羽前额转白色，头顶具有杂斑，粉色消失。

生态习性　主要栖息在海岸、岩礁、海中岛屿和开阔的海洋上。常成群活动。多在海边浅水处或频繁在海面上空飞翔搜觅食物。飞翔时频繁扇动两翅，并不时降落到岸礁上休息。冬季多在开阔的海洋上活动。粉红燕鸥主要以小鱼为食。在水面或垂直潜入水下捕食。也常常侵袭其他鸥类，逼使它们吐出已经吞咽的食物。

地理分布　罕见夏候鸟。在福建、广东及台湾省南部岛屿繁殖，在海上越冬，偶见于南海。记录于江苏、浙江、福建、广东、香港、广西、海南、台湾。

粉红燕鸥局部

飞翔的黑枕燕鸥

黑枕燕鸥

学　　名　*Sterna sumatrana*

分类地位　鸻形目鸥科

形态特征　具有叉形尾及特征性的枕部黑色带。嘴黑色，头白色，上体浅灰色，下体白色，脚黑色。

生态习性　典型海洋鸟类。主要栖息在海岸、岩礁和海中岛屿上，从不进入内陆水域。常成群活动。频繁在海面上空飞翔，休息时多栖息于岩石或沙滩上。主要以小鱼为食，也吃甲壳动物、浮游生物和软体动物等。

地理分布　在海南岛和台湾为留鸟，在浙江、福建、广东、香港为夏候鸟。偶尔漂泊到河北、山东沿海。

黑枕燕鸥

普通燕鸥

学　　名　*Sterna hirundo*

分类地位　鸻形目鸥科

形态特征　冬季时嘴为黑色，夏季时嘴基红色，脚偏红。繁殖期，成鸟头顶、后颈为黑色，背部和双翅浅灰色。腹部白，略带紫灰色。尾呈深叉状，白色，尾羽外侧为黑色。非繁殖羽前额白色，后头及枕部黑色。

生态习性　一般成群生活在河口、海岸、沼泽和滨海池塘。与其他燕鸥混群。捕食时会从空中急冲而下，然后迅速返回空中。繁殖期为5～7月份，每年产卵2～3枚。在有入侵者时，会大声鸣叫，还会展开攻击。

地理分布　常见夏季繁殖鸟及旅鸟。有3个亚种。国内记录于黑龙江、吉林、辽宁、北京、天津、河北、山东、河南、山西、陕西、内蒙古、江苏、上海、浙江、福建、广东、香港、广西、海南、台湾。

飞翔的普通燕鸥

理羽中的普通燕鸥

黑腹燕鸥

学　　名　*Sterna acuticauda*

分类地位　鸻形目鸥科

形态特征　中等体型。尾深开叉。头顶是黑色的，嘴及腿为橙黄色。上体、腰及尾浅灰色，下体白色，腹部具有特征性黑色块斑。冬季成鸟嘴端黑色，额上具有白色杂斑，腹部黑色块缩小或消失。

生态习性　黑腹燕鸥栖息在内陆河流、湖泊、水库和邻近的水田地区。常在水域上空不停飞翔，很少见停息。

地理分布　非常罕见。留鸟分布在云南西南部。IUCN红色名录评估等级为濒危（EN）。

飞翔的黑腹燕鸥

黑腹燕鸥

灰翅浮鸥繁殖羽

灰翅浮鸥

学　　名　*Chlidonias hybrida*

别　　名　须浮鸥

分类地位　鸻形目鸥科

形态特征　嘴暗红色，脚深红色，繁殖羽头顶为黑色，腹部为黑色，翅为灰白色；非繁殖羽头顶渐白，眼后有黑斑，嘴变黑。

生态习性　大群活动。喜欢在水面低飞，会俯冲下去吃小鱼虾。

地理分布　夏候鸟、旅鸟和冬候鸟。分布于河口、鱼塘、草泽、湖泊。在我国东北、华北繁殖，迁徙经过华中、华南，香港、台湾、海南为冬候鸟。除西藏、贵州外，见于各省。

灰翅浮鸥非繁殖羽

飞翔的白翅浮鸥

白翅浮鸥繁殖羽

白翅浮鸥

学　　名　*Chlidonias leucopterus*

别　　名　白翅黑燕鸥

分类地位　鸻形目鸥科

形态特征　嘴黑色，脚深红色。繁殖羽翅上银灰，翅下黑色，头、颈、胸腹部黑色，腰和尾近白色；非繁殖羽头顶转白色。尾羽分叉浅。

生态习性　喜欢在河口、鱼塘、沼泽和湖泊生活。大群活动。喜欢在水面低飞，会俯冲下去吃小鱼虾。

地理分布　见于各省。

飞翔的黑浮鸥

黑浮鸥

学　　名　*Chlidonias niger*

别　　名　黑燕鸥

分类地位　鸻形目鸥科

形态特征　嘴细长，黑色，脚暗红色。繁殖羽头部为黑色，身体暗灰色；非繁殖羽颈侧有暗色颈斑，飞行时通体黑色，翅下和尾下覆羽白色，尾羽分叉小。

生态习性　喜欢在河口、鱼塘、沼泽和湖泊生活。单独或小群活动。喜欢在水面低飞，发现食物俯冲下去，吃小鱼虾。

地理分布　罕见。繁殖于新疆西部的天山，在内蒙古东部的呼伦池地区可能也有分布。我国天津、北京、内蒙古、宁夏、新疆、香港、台湾有记录。国家Ⅱ级重点保护动物。

黑浮鸥繁殖羽

黑浮鸥幼鸟

剪嘴鸥

学　名　*Rynchops albicollis*

分类地位　鸻形目鸥科

形态特征　具有橙红色的喙，特征是下喙比上喙长。头顶为黑色，上体为褐色，下体、后颈、次级飞羽横纹、尾上覆羽及尾均为白色。两翼甚长。脚红色。

生态习性　觅食时紧贴水面飞行，下喙插入水中，上喙在水面上，利用下喙捕鱼。

地理分布　分布于热带、亚热带大型河流、湖泊或沿海海岸、河口。在冬季，我国偶见于南部海岸，发现于广东。

剪嘴鸥

阿德利企鹅（左）和南极贼鸥（右）

南极贼鸥

南极贼鸥

学　名 *Stercorarius maccormicki*

别　名 麦氏贼鸥、灰贼鸥

分类地位 鸻形目贼鸥科

形态特征 体型壮硕，嘴粗大厚实，全黑，脚黑色，尾羽略突出呈楔形。有浅色、中间和暗色三种色型。

生态习性 食性广泛，吃鱼、幼鸟、鸟卵和腐肉，较少抢其他鸟类的猎物，也吃渔船上的丢弃物。

地理分布 在南极圈地带繁殖，非繁殖期迁徙到北半球，我国海南南沙群岛、台湾偶有记录。

小贴士

贼鸥是高纬度地区的"空中海盗"和掠食者，如同军舰鸟一样，贼鸥飞行敏捷而迅速，会迫使其他海洋鸟类，主要是燕鸥、三趾鸥、海雀等吐出食物，然后在半空中将食物劫走。在冬季约95%的食物是这样得来。大型贼鸥还经常杀死并吃掉海雀和海鸥的成年鸟。南极贼鸥在企鹅、燕鹱、燕鸥的附近营巢，盗食它们的卵和幼雏。

中贼鸥

学　　名　*Stercorarius pomarinus*

分类地位　鸻形目贼鸥科

形态特征　体型比较大，嘴厚实，基部粉肉色。全身黑褐色，多为浅色型，头侧及颈背偏黄色。中央尾羽长而突出，末端卷曲似勺状。

生态习性　主要在海上活动。吃老鼠、鱼、小鸟、鸟卵、腐肉，也抢其他鸟类的食物。

地理分布　在北极圈苔原带繁殖，冬季迁徙到南方海域。定期出现于中国的南沙群岛。在中国辽宁、山西、内蒙古、甘肃、四川、贵州、江苏、上海、浙江、福建、广东、香港、海南、台湾均有过记录。

中贼鸥（浅色型）

中贼鸥

短尾贼鸥

短尾贼鸥

短尾贼鸥

学　　名 *Stercorarius parasiticus*

分类地位　鸻形目贼鸥科

形态特征　体型比中贼鸥小，嘴细长，黑色，脚黑色。浅色型头顶黑色，头侧黄色；下体白色，有的种类有灰色的胸带，上体为黑褐色。深色型通体烟褐色。中央尾羽延长成尖，与中贼鸥截然不同。非繁殖期成鸟色浅而多杂斑，头顶灰色。

生态习性　食性很杂，吃老鼠、鱼、小鸟、鸟卵，也抢其他鸟类的猎物和渔船上的丢弃物。

地理分布　不如中贼鸥常见。在北极圈苔原带繁殖，冬季迁徙到南半球，我国北京、新疆、青海、四川、广东、香港、海南、台湾有记录。

长尾贼鸥

飞翔的长尾贼鸥

学　　名　*Stercorarius longicaudus*

分类地位　鸻形目贼鸥科

形态特征　与短尾贼鸥的深、浅两色型相似，但体型较小，较纤细，嘴细短，全黑色，头顶黑，中央2根尾羽特别长，像飘带一样。

生态习性　食性广泛，吃鼠类、昆虫、小鸟、鸟卵，也抢其他鸟类的猎物和渔船上的丢弃物。

地理分布　在北极圈苔原带繁殖，冬季迁徙到南半球，在青海、广东、香港、台湾有记录。

长尾贼鸥

崖海鸦繁殖羽

崖海鸦

学　　名　*Uria aalge*

分类地位　鸻形目海雀科

形态特征　嘴黑色，长直尖，脚灰黑色。繁殖羽头、颈、背黑褐色，腹部白色，眼圈白色，眼后有一白色曲线斑；非繁殖羽头颈转白，眼后有细长黑纹。

生态习性　成群在海洋、岛屿或近海岩壁上活动，善于潜水，振翅很快。吃鱼虾和其他无脊椎动物。

地理分布　在北半球温带、寒带的小海岛上繁殖，非繁殖期分布于库页岛到日本间海域，在我国台湾偶有记录。

崖海鸦非繁殖羽

崖海鸦群

长嘴斑海雀

学　　名　*Brachyramphus perdix*

分类地位　鸻形目海雀科

形态特征　体小（24 cm）的黑褐色和白色海雀。嘴细长。眼圈白色。非繁殖羽眼圈白色，颏、喉、颈、颈背、下体及肩羽白色，与体羽其余部分的深色成明显对比；繁殖羽体羽白色部分上具有灰黑色横斑。

生活习性　繁殖期主要在海岸、岛屿栖息。非繁殖期主要在海洋和沿海地区栖息，有时也出现在大的内陆湖泊中。主要以小鱼为食，也吃甲壳动物和软体动物。

地理分布　分布于北太平洋，繁殖于鄂霍次克海到堪察加半岛。在我国为罕见旅鸟或冬候鸟。我国黑龙江、辽宁、吉林、山东、江苏、福建有记录。

长嘴斑海雀非繁殖羽

长嘴斑海雀繁殖羽

飞行的扁嘴海雀（繁殖羽）
摄影：曾晓起

扁嘴海雀

学　　名　*Synthliboramphus antiquus*

别　　名　青岛企鹅、海鹌鹑

分类地位　鸽形目海雀科

形态特征　体型很小的黑白色海雀。嘴粗短，粉白色或象牙白色，似企鹅。繁殖羽喉部黑色，有白色眉纹；非繁殖羽眉纹和喉部黑色消失。

生态习性　主要在海岸和海岛悬崖与岩石上栖息，冬季主要在开阔的海洋中栖息。扁嘴海雀单只或成小群活动，频繁在水面游泳、潜水和捕食。飞行时振翅频率快，飞行低；晚上到岛屿，行走时身体直立，酷似企鹅左右摇摆。1次产卵2枚，40天后雏鸟很快就能跟着亲鸟到海上捕食。主要吃海洋无脊椎动物和小鱼。

地理分布　在西伯利亚东北部堪察加半岛、萨哈林岛和远东海岸、中国辽宁大连、山东青岛、上海沿海繁殖。每年10～11月迁入青岛大公岛、千里岩及江苏前三岛繁殖，第2年5月份离开。在黑龙江、吉林、辽宁、山东、江苏、上海、浙江、广东、香港、广西、海南、台湾有记录。

扁嘴海雀非繁殖羽

扁嘴海雀非繁殖羽

冠海雀

冠海雀

学　　名 *Synthliboramphus wumizusume*

分类地位 鸻形目海雀科

形态特征 体小（25 cm）的黑灰色及白色海雀。眼上部头侧有白色条纹，嘴极短。上体灰黑色，下体近白色，两胁灰黑色。仅夏季具黑色尖形凤头。非繁殖羽大体似扁嘴海雀，但头部仍有白色条纹。

生活习性 繁殖期主要在海岸和沿海岛屿栖息。非繁殖期主要在近海海面上栖息。常成小群活动。主要以小鱼和海洋无脊椎动物为食。

地理分布 主要分布于日本海域。迷鸟。见于我国香港、台湾海上。IUCN红色名录评估等级为易危（VU）。

游泳的冠海雀

冠海雀

角嘴海雀繁殖羽

角嘴海雀

角嘴海雀非繁殖羽

学　　名　*Cerorhinca monocerata*

分类地位　鸽形目海雀科

形态特征　是一种中型海雀，繁殖羽头部有2条特征性白色丝状饰羽，非繁殖羽无白色饰羽和上喙基部角状物。嘴和脚的橘黄色较明显。上喙基部有角状物。

生态习性　以小鱼为食，在内陆和近海过冬。

地理分布　在西伯利亚东部沿海、日本北部、千岛群岛、阿留申群岛、阿拉斯加和美国西北部海域繁殖。我国罕见冬候鸟。辽宁有记录。

角嘴海雀繁殖羽

企鹅目

　　企鹅是一类独特的群体，它们不会飞翔但善于游泳和潜水。它们背部为深蓝黑色或蓝灰色，腹部白色。它们体态特殊，一般比较肥胖，具有厚厚的皮下脂肪，对较寒冷的环境高度适应；羽毛较厚，高度特化成鳞片状，能防止海水浸润；前肢特化为桨状，用于划水；短腿，靠近体后，脚趾间具蹼；可以直立行走，行走姿态左右摇摆，也可以用腹部贴冰面滑行。企鹅的主要食物是甲壳动物、软体动物和鱼。企鹅寿命通常较长，游泳速度较快，可达5～8 m/s，在陆地上行走却显得笨拙而又滑稽。

　　世界上总共有1科6属18种企鹅，全分布在南半球，是南极地区海鸟数量的85%。南极与亚南极地区约有8种，其中有2种在南极大陆海岸繁殖，其他主要生活于南极大陆海岸与亚南极之间的岛屿上，唯一例外是加岛环企鹅，它们在接近赤道附近的岛屿上生活。我国没有自然分布的企鹅，但是水族馆里面比较常见。

> **小贴士**
>
> 为什么叫企鹅？
> 　　1488年葡萄牙的水手们在靠近非洲南部的好望角第一次发现了企鹅。企鹅身体肥胖，它的原名是肥胖的鸟。但是因为它们经常在岸边站立远眺，好像在企盼着什么，人们便把这种肥胖的鸟叫做企鹅。

冰上跳跃的帝企鹅

换羽中的帝企鹅

帝企鹅

学　　名　*Aptenodytes forsteri*

别　　名　皇企鹅

分类地位　企鹅目企鹅科

形态特征　身高90 cm以上，最大可达到120 cm，体重30～45 kg。体色有黑、白2色，全身色泽协调。颈部为淡黄色，耳羽鲜黄橘色，向下逐渐变淡，腹部乳白色，背部及鳍状肢黑色。

生态习性　每年南半球的秋季（3～4月），帝企鹅在南极大陆沿海海冰上形成繁殖群居地，为此，它们可能需要在冰上行走100千米以上才能到达繁殖点。求偶期过后，每只雌鸟在5月产下1枚很大的卵，然后由雄鸟在接下来的64天里孵化，这段时间雌鸟回到海里。雏鸟孵化后，由双亲共同抚养，为期150天，从冬末至春季。帝企鹅游泳速度为5.4～9.6 km/h，平均寿命19.9年，主要敌害有贼鸥、海豹和虎鲸等。

地理分布　主要在南极洲以及附近海洋中生活。

小贴士

帝企鹅如何度过寒冷的冬季?

帝企鹅在恶劣条件下,可以将热量散失和能量消耗降到最低限度。帝企鹅的体形较大,它们的鳍状肢和喙与身体的比例要比其他所有的企鹅种类低25%。同时,它们的"血管热交换系统"极度发达,其分布的广泛程度为其他企鹅的2倍,从而进一步减少了热量散失。帝企鹅还在鼻孔中回收热量,从而可以将呼出的热量保留约80%。此外,它们身上长有多层高密度的长羽毛,能够完全盖住它们的腿部,为它们提供了一流的保温条件。由于冬季觅食非常困难,帝企鹅需要经历漫长的禁食期。不过,帝企鹅最重要的适应性表现为"集群",它们尽可能不活动,一大群一大群地聚在一起,多的时候可达5 000只,密度达到每平方米10只,如此一来,无论是成鸟或雏鸟,个体的热量散失都可以减少25%～50%。所以它们不筑巢,在脚上的卵(以及随后的雏鸟)由袋状的腹部皮肤褶皱层所遮盖和保暖,并且,它们几乎不会做出任何具有攻击性的行为。

帝企鹅一家

王企鹅

学　　名　*Aptenodytes patagonicus*

别　　名　国王企鹅

分类地位　企鹅目企鹅科

形态特征　王企鹅体型比帝企鹅稍小些，它们的嘴则比较长，头侧、下嘴和颈前部呈鲜艳的橘色，且橘色羽毛向下和向后延伸的面积较大，颜色也更加鲜艳。

生态习性　和帝企鹅不同，王企鹅是在短暂的夏季进行繁殖。它们通常每3年中只有一年成功繁殖，而其他两年很少繁殖成功。它们有2次主要的产卵期，分别在11～12月和2～3月，这期间会产下1枚很大的卵。双亲共同承担孵卵和守护的任务，约54天后雏鸟孵化，便实行轮流照顾，一般每隔数天换一次班。集群活动，主要以甲壳动物为食，偶尔也捕食小鱼和乌贼。

地理分布　主要分布于南大洋一带及亚南极地区，最北可到新西兰一带。

集群的王企鹅

结对行走的王企鹅

白眉企鹅

白眉企鹅

学　　名　*Pygoscelis papua*

别　　名　巴布亚企鹅、金图企鹅

分类地位　企鹅目企鹅科

形态特征　体形较大，身高60～80 cm，重约6 kg，眼睛上方有一个明显的白斑，嘴细长，嘴角呈橘红色。

生态习性　通常在近海较浅处觅食，主要食物为鱼和南极磷虾。以石子或草筑巢。雌企鹅每次产2枚卵，约36天孵化。在孵化期，雄鸟和雌鸟通常每1～2天会轮换一次。

地理分布　分布于南极半岛和南大洋中的岛屿上。

小贴士

企鹅为什么摇晃着走路？

企鹅虽然不会飞行，但善于游泳和潜水，它们的体态特殊，后肢短，生于躯体后方，前肢特化为桨状，用于划水，企鹅可以像人那样站立，但走路时，由于后肢短而后移，使得它在行走时不得不扭动躯体以保持平衡。

白眉企鹅群

冰上行走的阿德利企鹅

阿德利企鹅

学　　名　*Pygoscelis adeliae*

分类地位　企鹅目企鹅科

形态特征　雌雄同色。中小型种类，身高72～76 cm，眼圈为白色，头部呈蓝绿色，嘴为黑色，嘴角有细长羽毛，腿短，爪黑色。羽毛黑白两色。

生态习性　游荡于南极有浮冰的水域，多以磷虾为食；群居，有攻击性。

地理分布　阿德利企鹅是数量最多的企鹅，可在南极见到大规模的群体。

小贴士

为什么北极没有企鹅？

北极原来是有企鹅的。但是因为人类的猎杀，1844年最后2只大企鹅也死了，只留下一些骨架化石。而现在生活在南大洋的企鹅，它们的生理特点决定了必须待在有来自南极的冰雪融化水域或由深海涌上的较冷水流流经的海域，温暖的赤道水流和较高的气温形成了一个物理屏障，阻挡了它们北上的道路。

南极企鹅

学　　名　*Pygoscelis antarctica*

别　　名　帽带企鹅、纹颊企鹅

分类地位　企鹅目企鹅科

形态特征　南极企鹅比阿德利企鹅小，身高
43～53 cm，重约4 kg，是阿德利企鹅的近亲，身
体黑白2色。帽带企鹅的名字来源于它那细细的
黑色羽毛，从一侧的耳部到另一侧的耳部，穿过
下巴，非常容易辨认。

南极企鹅

生态习性　主要食物是磷虾和鱼类。10月下
旬产卵，雌企鹅每次产2枚卵，孵卵由雌、雄企
鹅双方轮流承担，雏鸟2个月后即可下水游泳。

地理分布　主要分布于南极一带，有时游荡到南极以外。数量在1 200万到1 300万只
之间，主要分布在荒芜的岛屿上，但大多数在南极半岛上，靠近阿德利企鹅繁殖地繁殖。

小贴士

　　大连圣亚海洋世界饲养着王企鹅、白眉企鹅和南极企鹅3种企鹅，是国家级南极
企鹅繁育基地。

　　2017年，大连圣亚海洋世界南极企鹅岛的驯养师发现，其中一对竟然"恋爱"
了，在驯养团队的精心调养下，这对企鹅夫妇在10月下旬顺利产2枚卵。经过一个
多月的孵化，2只可爱的小宝贝出壳了。

冰山上的南极企鹅

秘鲁企鹅

秘鲁企鹅

学　　名	*Spheniscus humboldti*
别　　名	洪堡企鹅、洪氏环企鹅
分类地位	企鹅目企鹅科

形态特征　中型企鹅，成鸟身高65～70 cm，体重约4 kg。头部黑色，有一条白色宽带从眼后过耳朵一直延伸至下颌附近；最主要的特征是下颌基部有一个肉粉红色条纹延伸至眼睛；背部、尾、脚和蹼均为黑色；有一道宽带环绕胸前如围着一条黑色的围巾，胸部有黑点。

生态习性　与世界上大多数企鹅相比，秘鲁企鹅更喜欢生活在较温暖的地区，为了适应温暖的气候，它们的羽毛变得特别短小。是群居性的鸟类，在晚上会连续不断地呼叫，叫声喧闹似驴。主要吃沙丁鱼、磷虾及乌贼。

地理分布　见于秘鲁一带的南美洲西海岸。IUCN红色名录评估等级为易危（VU）。

秘鲁企鹅群

南非企鹅

南非企鹅

学　　名　*Spheniscus demersus*

别　　名　非洲企鹅、黑脚企鹅、斑嘴环企鹅

分类地位　企鹅目企鹅科

形态特征　身高68～70 cm，重2～5 kg。与秘鲁企鹅相似，它们的胸部也有黑点，但只有眼睛上有粉红色。

生态习性　成群生活，游泳速度平均7 km/h，最高可达20 km/h，可潜入水中2 min。它们吃小鱼，如沙丁鱼、凤尾鱼等。它们的叫声像公驴。

地理分布　见于南非西南岸沿海。IUCN红色名录评估等级为濒危（EN）。

小贴士

　　虽然在南部非洲很多地方都能见到企鹅的踪影，但最为著名的还要属南非开普敦的西蒙斯敦博尔德斯海滩企鹅公园。西蒙斯敦面朝印度洋，是个风景如画的旅游胜地。据说当地人第一次见到企鹅是在1983年，一对企鹅夫妇不知从哪个小岛"移民"到此，并在两年后生下了第二代。此后西蒙斯敦所在的博尔德斯海湾企鹅数量逐年增加，但是企鹅的到来在给小镇人带来快乐的同时也带来了烦恼，首先是它们的叫声像驴，实在难听，还偏偏都是大嗓门；其次是不少企鹅还经常闯入当地人的花园，将原本漂亮的院落弄得一团糟。尽管很吵人，它们仍然是当地人非常喜爱的动物。

南非企鹅群

南美企鹅

学　　名　*Spheniscus magellanicus*

别　　名　麦哲伦企鹅、麦氏环企鹅

分类地位　企鹅目企鹅科

形态特征　中等大小，一般身高约70 cm，体重约4 kg。它们的头部主要呈黑色，有一条白色的宽带从眼后一直延伸至下颌附近，眼睛上方粉红色，与南非企鹅相似，但胸前有两条完整的黑环。

生态习性　南美企鹅是群居性动物，经常栖息在一些近海的小岛，它们尤其喜爱选择茂密的草丛或灌木丛中坐窝，以躲避鸟类天敌的捕杀。捕食鱼和甲壳动物。在海里的主要天敌有海狮、豹海豹和逆戟鲸。小企鹅和企鹅卵也会受到一些鸟类天敌如海鸥和贼鸥的威胁。雌企鹅在10月中旬开始产卵，一般每窝会有2只，孵化期一般为39～42天。

地理分布　见于南美洲南部海岸和富克兰群岛沿海，也有少量迁入巴西境内。

南美企鹅

南美企鹅群

其他滨海鸟类

潜鸟目

潜鸟善于潜水，尾短，脚在体的后部，前3趾间具蹼，栖息于淡水和海水。飞行快而有力，颈伸直，头较低。全世界有1科1属5种，广泛分布于北半球寒带和温带水域。中国有4种，包括红喉潜鸟、黑喉潜鸟、太平洋潜鸟和黄嘴潜鸟，数量都比较稀少。

红喉潜鸟

学　　名 *Gavia stellata*

分类地位 潜鸟目潜鸟科

形态特征 头小，嘴尖长，略上翘；头灰褐色；背部黑褐色，上有白斑；腹部白色；脚有发达的蹼足。夏季喉部羽毛变红，头侧有黑白细纵纹。

生态习性 喜欢单独活动，在淡水繁殖，多在沿海越冬，喜欢潜水，在水下取食鱼虾，游泳时颈伸得很直，但在陆地行走困难。

地理分布 偶见冬候鸟和旅鸟。从黑龙江到东南沿海、广东、海南和台湾都有过记录。

小贴士

海港附近是游轮和其他大型货船运输繁忙的海域，很可能发生溢油事件，溢油对鸟类的影响是多方面的，比如影响食物链、积累毒素等，黏稠的油沾在鸟的羽毛上，影响羽毛的保温性和防水性，增加体重，影响飞行，甚至会引起鸟类死亡。

红喉潜鸟非繁殖羽

红喉潜鸟繁殖羽

黑喉潜鸟

学　　名　*Gavia arctica*

分类地位　潜鸟目潜鸟科

形态特征　与红喉潜鸟相似，但体型较大，嘴厚直，额有隆起。非繁殖羽体背没有白色细斑，胁部有明显白色斑块。繁殖羽喉及前颈为黑色且具绿色金属光泽，颈侧有白色纵纹，背部黑色，具有长方形白色横斑。

生态习性　常成对或成小群活动。善于游泳和潜水，游泳时颈常弯曲成S形。常直线飞行，两翅扇动急速，但不能变换速度。水面起飞较困难，需要在水面助跑才能起飞；黑喉潜鸟的食物主要为各种鱼类，也吃蜻蜓及其幼虫、甲虫及幼虫、甲壳动物、软体动物等。主要通过潜水觅食，也在水面飞奔追捕鱼群。

地理分布　偶见冬候鸟和旅鸟。*G.a.viridigularis*亚种分布于辽宁东部、吉林、河北东北部、天津、山东东部、内蒙古东南部、江苏、上海、浙江、福建、台湾。*G.a.arctica*亚种分布于新疆北部。

黑喉潜鸟繁殖羽

黑喉潜鸟非繁殖羽

太平洋潜鸟

学　　名　*Gavia pacifica*

分类地位　潜鸟目潜鸟科

形态特征　比黑喉潜鸟略小，所有体羽均相似，头较圆，嘴较细。繁殖羽与黑喉潜鸟的区别在于喉具有闪辉紫色而不是绿色斑块，胸侧的黑白纹比较细，浮在水面时，胁后部没有白色块斑。非繁殖羽喉下方有一个不明显的黑色颈环。

生态习性　成对或小群活动，偶尔也有呈单只活动。善游泳和潜水，浮于水面时，身体沉入水下部分较多，尾紧贴水面，有时甚至将整个身体沉入水下，仅留头、颈在水面游动，并不断左右摆动头、观察四周，有危险时则全部沉入水下，通过潜水逃跑。也能飞翔，但在水面起飞较困难。主要以鱼类为食。

地理分布　罕见冬候鸟和旅鸟。繁殖期栖息于北极苔原开阔的湖泊、河流与大的水塘中，也栖息于亚北极地区森林边缘地带的河流与大的湖泊地区，冬季则多栖息在沿海海面、大的湖泊与河口地区。我国见于黑龙江、辽宁东部、河北东北部、山东、江苏、香港。

太平洋潜鸟

黄嘴潜鸟

学　　名 *Gavia adamsii*

别　　名 白嘴潜鸟

分类地位 潜鸟目潜鸟科

形态特征 潜鸟中体型最大。嘴粗厚而向上翘、黄白色，颈较粗，前额有明显隆起。繁殖羽头和颈黑色，具蓝色金属光泽；下喉有小的白色斑点组成的白色横带；前颈至颈侧部有一条宽的白色横带，在前颈中部断开，极为醒目；上体黑色，具显著的方块型白斑。非繁殖羽上体黑褐色；前颈白色，与后颈黑褐色分界不明显；眼周白色。

生态习性 常成对或成小群活动，偶尔也有单只在较大的湖泊和海上活动，不出现在小的水塘里。在水中身体下沉较深，颈伸直，头向上举，嘴向上倾斜。飞行时头颈向前伸直，两脚伸出尾后。飞行速度快，但从水面起飞困难，需要助跑。叫声高而粗。主要以鱼类为食，也吃水生昆虫、甲壳动物、软体动物和其他无脊椎动物。通过潜水觅食，通常在苔原、湖泊和海上觅食。

地理分布 罕见冬候鸟和旅鸟。繁殖期主要栖息在北极苔原沿海附近的湖泊与河口地区，也出现在西伯利亚东北部的山区湖泊与河流中；秋季迁徙期间和冬季，则主要栖息在沿海和近海岛屿附近海面上，有时也出现在河口地区。我国见于吉林、辽宁、山东、福建。

黄嘴潜鸟繁殖羽

游泳的黄嘴潜鸟（繁殖羽）

黄嘴潜鸟非繁殖羽

䴙䴘目

分布广泛，比较常见。嘴型多尖直，具有花瓣状的蹼足，善于潜水，不擅长在陆地上行走。无尾羽。喜欢在沼泽、池塘、湖泊等水域生活，单个或集小群，取食鱼虾、水生昆虫、蛙类，也吃水生植物。世界有1科6属20种，我国有5种，即小䴙䴘、黑颈䴙䴘、赤颈䴙䴘、角䴙䴘和凤头䴙䴘。它们通常是在淡水，如内陆湖泊、河流等生活，除了小䴙䴘极少出现在海上外，其他种类的䴙䴘也会出现在沿海海湾、河口。

凤头䴙䴘

凤头䴙䴘雏鸟

学　　名　*Podiceps cristatus*

别　　名　浪里白、水老呱

分类地位　䴙䴘目䴙䴘科

主要特征　雌雄相似。虹膜红色。繁殖期，嘴细长，暗灰褐色，头顶黑褐色，有明显黑色羽冠；颊白，颈背有栗红及黑色鬃毛状饰羽；颈长，背黑褐色，前颈、胸腹白色。非繁殖期，嘴变成粉红色，头顶黑色，黑色羽冠不明显；颊白色，前颈白色，颈背和体背淡灰色；颈背饰羽消失。

生态习性　生活在河流、湖泊和浅海，潜水能力极强，吃各种水草、水生昆虫、小鱼虾。在芦苇丛水面浮巢内产4～5枚卵。遇到危险时，雏鸟会爬到亲鸟背上由亲鸟背着逃避。

地理分布　除海南外，见于各省。主要在北方繁殖，迁至东南沿海和内陆水域越冬。

凤头䴙䴘繁殖羽

凤头䴙䴘非繁殖羽　摄影：刘云

游泳中的凤头䴙䴘繁殖羽　摄影：刘云

角䴙䴘

学　名　*Podiceps auritus*

分类地位　䴙䴘目䴙䴘科

形态特征　嘴黑色，眼睛虹膜红色。繁殖羽头上有一簇角状金黄色饰羽，头部黑色，胸和腹侧为栗红色。非繁殖羽头顶、后颈和背部黑褐色，白色脸颊和黑色头顶黑白分明。

生态习性　善于潜水，常单独活动，吃水中小动物。

地理分布　繁殖于北方植被繁茂的湖泊，于内陆湖泊和海岸越冬。记录于黑龙江、辽宁、河北、河南、山东、陕西、内蒙古、新疆、四川、湖北、江西、上海、浙江、福建、香港、台湾。国家Ⅱ级重点保护动物。IUCN红色名录评估等级为易危（VU）。

角䴙䴘繁殖羽

角䴙䴘非繁殖羽

黑颈䴙䴘

学　　名　*Podiceps nigricollis*

分类地位　䴙䴘目䴙䴘科

形态特征　眼睛虹膜红色，嘴黑色，微上翘。繁殖羽和角䴙䴘很像，眼后有一簇金黄色饰羽。非繁殖羽颜色变暗，头顶黑色部分较大，延伸到眼下。

生态习性　多单独活动，擅长潜水，吃小鱼虾、蛙、昆虫和其他水生无脊椎动物。

地理分布　除海南外，见于各省。繁殖于北方植被繁茂的湖泊，在内陆湖泊、河流、河口以及华南、东南沿海等地越冬。

黑颈䴙䴘繁殖羽

黑颈䴙䴘非繁殖羽

鸻形目

包括鸻鹬类、鸥类和海雀类三个大类群，鸥类和海雀类为典型的海洋鸟类，为游禽。鸻鹬类以中小型涉禽为主，是涉禽中最大的一类，但其中也有极少量游禽，可以在水面游泳。鸻鹬类是世界各湿地的重要种类，具有很重要的生态意义。红颈瓣蹼鹬和灰瓣蹼鹬，有花瓣一样的蹼足，在非繁殖季节，它们常深入远海长达10个月之久。

红颈瓣蹼鹬

学　　名　*Phalaropus lobatus*

别　　名　红领瓣足鹬

分类地位　鸻形目鹬科

形态特征　颈长，头小，喙尖细，腿短，趾具有瓣蹼。繁殖羽雌鸟的头和上体为深灰色，颈部和上胸为红棕色，背和肩有橙色带；雄鸟颈部为红棕色，肩上橙色较浅。非繁殖羽上体淡灰色，眼后黑色。

生态习性　在苔原的池沼中繁殖，冬季在海上结大群，食物为浮游生物。不怕人。有时到陆上的池塘或沿海滩涂取食。

地理分布　繁殖于欧亚大陆和北美高纬度地带，迁徙时见于我国内陆及沿海池塘或海上，在海上越冬。分布比较广泛。

红颈瓣蹼鹬幼鸟

红颈瓣蹼鹬繁殖羽

灰瓣蹼鹬

灰瓣蹼鹬雄鸟繁殖羽

灰瓣蹼鹬非繁殖羽

学　名 *Phalaropus fulicarius*

分类地位 鸻形目鹬科

形态特征 和红颈瓣蹼鹬很像，但颈部粗，喙短而且钝，不尖细，有时嘴基为黄色。腿短，趾具有瓣蹼。雌性繁殖羽脸部白色而顶冠黑色，下体深栗色，上体黑色并具有橙色羽缘，雄性色彩略暗淡。非繁殖羽上体灰色较淡。

生态习性 和红颈瓣蹼鹬相似。常见个体单只活动。

地理分布 繁殖于北美洲、俄罗斯和欧洲高纬度地区，迁徙会经过我国各地，偶尔能在远离海岸线的海面上看到。黑龙江、辽宁、北京、天津、山东、河南、山西、内蒙古、新疆、四川、上海、浙江、香港、广东、香港、台湾有记录。

雁形目

　　人们通常所说的雁、天鹅、钻水鸭、潜鸭和秋沙鸭等，都被统称雁鸭类。雁形目的鸟都是游禽，在世界范围广泛分布。嘴侧扁，尖端具有嘴甲，头较大，有的种类具有明显的冠羽。翅尖长，大多数种类的次级飞羽色彩艳丽，具有耀眼的金属光泽，被称作翼镜，大多数种类的尾巴很短，脚短，多着生于身体的中后部。其中，部分潜鸭、海番鸭、秋沙鸭等越冬时部分时间在海上。

帆背潜鸭

学　　名　*Aythya valisineria*

分类地位　雁形目鸭科

形态特征　嘴全为黑色，脚灰蓝色。雄鸟繁殖羽头、颈为栗红色，胸部黑色，背、腹、胁部灰白色；雌鸟头颈褐色，胸暗褐色，体淡灰褐色，臀和尾羽暗灰褐色。

生态习性　成群栖息，白天休息，早晨和黄昏活跃，潜水觅食，吃水生植物的根茎叶和种子，也吃小昆虫、螺和小鱼。

地理分布　迷鸟。仅见于台湾沿海。

帆背潜鸭雄鸟　　　　　　　　帆背潜鸭雌鸟　　　　　　　　帆背潜鸭雄鸟

斑背潜鸭

学　　名　*Aythya marila*

分类地位　雁形目鸭科

形态特征　雄鸟头青色，胸部黑色，身体两侧为白色，背部有斑驳的黑白纹；雌鸟身体棕褐色，嘴基部有白色斑块。

生态习性　多喜欢在沿海或河口处活动，集群生活。

地理分布　罕见冬候鸟和旅鸟。繁殖于亚洲北部，越冬在温带沿海。在我国东南部和华南沿海、台湾越冬。迁徙时经过东北、西北中部和华东等地。

斑背潜鸭雄鸟

斑背潜鸭雌鸟

小绒鸭

学　　名　*Polysticta stelleri*

分类地位　雁形目鸭科

形态特征　繁殖的雄鸟头白色，颈环、枕部、眼圈都是黑色，黄白色胸部两侧各有一个黑斑。雌鸟和非繁殖期雄鸟体羽深褐色，眼圈颜色浅。

生态习性　在淡水水塘繁殖，但栖息在沿海，结群活动，游泳时尾常向上翘。

地理分布　罕见冬候鸟。繁殖于西伯利亚及阿拉斯加极地地区。在北欧、北美洲西北部、日本等越冬，冬季在我国黑龙江东部、河北北部、山东曾发现。IUCN红色名录评估等级为易危（VU）。

小绒鸭

小绒鸭雄鸟

丑鸭雄鸟

丑鸭雄鸟和雌鸟

丑 鸭

学　名 *Histrionicus histrionicus*

分类地位　雁形目鸭科

形态特征　小型鸟类，体羽暗淡，呈黑色，脸侧和耳羽周围各有一个大白斑，像意大利哑剧中喜感十足的丑角。

生态习性　在水流湍急的河流和岩礁海岸栖息，飞行低而迅速，起飞前会沿水面拍打。常成对或小群活动，游泳时尾向上翘。主要以软体动物、甲壳动物、小鱼和海洋蠕虫为食。

地理分布　分布于东亚到北美洲、格陵兰岛和冰岛，是我国罕见的迁徙过境鸟。在黑龙江、吉林、辽宁南部、北京、河北东部、山东东部、陕西、内蒙古东部、湖南有过记录。

斑脸海番鸭

斑脸海番鸭雄鸟

斑脸海番鸭

学　　名　*Melanitta fusca*

分类地位　雁形目鸭科

形态特征　是比黑脸海番鸭稍大的矮扁形海鸭。雄鸟全身黑色，眼睛周围白色，嘴基部有黑色肉瘤；雌鸟为烟褐色，颊部有2块大白斑。

生态习性　在内陆繁殖，在海上越冬。

地理分布　罕见冬候鸟。分布于北半球，于朝鲜和日本海域越冬，喜群居。迁徙时经过我国东北地区，于东部沿海越冬。

123

黑海番鸭

黑海番鸭

学　　名　*Melanitta americana*

分类地位　雁形目鸭科

形态特征　是一种黑色矮胖的海鸭子。雄鸟身体全为黑色，嘴基部有黄色肉瘤；雌鸟灰褐色。

生态习性　喜欢群居，极少鸣叫，常在海上聚拢，迁徙时有时会到淡水区。

地理分布　繁殖于欧亚北部和阿拉斯加，在北美洲和欧洲沿海、日本和朝鲜东部沿海越冬。我国在黑龙江、山东、重庆、江苏、上海、福建、广东、香港有记录，为极其罕见的冬候鸟。

黑海番鸭

黑海番鸭

长尾鸭雄鸟和雌鸟非繁殖羽

长尾鸭

学　　名　*Clangula hyemalis*

分类地位　雁形目鸭科

形态特征　雄鸟非繁殖羽灰黑白色，中央尾羽特别延长，胸部黑色，颈侧有大块黑斑；繁殖羽雄鸟黑色，眼周白色；雌鸟褐色，和雄鸟很像，但尾部不延长。

生态习性　冬季在沿海浅水区栖息，偶见于淡水。潜水觅食，喜欢低飞。

地理分布　罕见冬候鸟，越冬于渤海、长江中游及福建沿海。黑龙江、吉林、辽宁东部、河北东北部、北京、天津、山东、河南、山西、内蒙古东部、甘肃、新疆、四川中部、重庆、湖南、江苏、浙江、福建、广东有记录。IUCN红色名录评估等级为易危（VU）。

长尾鸭雄鸟繁殖羽

冬羽和夏羽交替时的长尾鸭雄鸟

鹊　鸭

学　　名　*Bucephala clangula*

分类地位　雁形目鸭科

形态特征　繁殖期间，雄鸟头为黑色闪绿光，眼睛虹膜金黄色，脸侧有白色斑块，背部黑色腹部白色；雌鸟头褐色，体烟灰色，有扇贝形花纹；非繁殖期雄鸟似雌鸟，但雄鸟嘴基部的白色点斑仍为浅色。

生态习性　喜欢在湖泊、沿海水域集群活动，潜水取食，游泳时尾向上翘，相当安静。

地理分布　在亚洲北部，包括我国东北西北部繁殖，在我国中部和东南部越冬，除海南外，各省均有记录。

鹊鸭雄鸟繁殖羽

鹊鸭雌鸟繁殖羽和雏鸟

红胸秋沙鸭雄鸟

红胸秋沙鸭

学　　名　*Mergus serrator*

分类地位　雁形目鸭科

形态特征　嘴细长带钩，有长而尖的丝状冠羽，雄鸟黑白色，胸部棕色；雌鸟和非繁殖期的雄鸟为暗褐色，头部近红色，颈部灰白色，中间没有明显分界线，这点与普通秋沙鸭存在区别。

生态习性　成群在近海潜水捕食，吃鱼类和水生昆虫，也吃少量水生植物。

地理分布　喜欢河口、近海、虾池等环境。在我国分布广泛，在黑龙江有繁殖，迁徙经过其他大部分地区，到东南沿海和台湾越冬。

红胸秋沙鸭雄鸟和雌鸟

爬行类

概述

爬行类隶属于脊索动物门脊椎动物亚门爬行纲，是真正适应陆栖生活的脊椎动物。现存的爬行类包括龟鳖类、喙头蜥、蜥蜴类、蛇类和鳄鱼类。目前全世界现存有6 550种左右的爬行类。全世界的龟类有330多种，蛇类约有3 000种。我国约有龟类37种，蛇类约210种。海洋爬行类主要包括海龟和海蛇，全世界海龟只有7种，我国有5种；海蛇的种数很少，全世界仅55种左右，我国有16种左右。

龟鳖目

陆栖、水栖或海洋生活的爬行类。体背及腹面具有坚固的甲板，甲板外有角质鳞或厚皮。龟鳖目分布于温带和热带，海洋爬行类（海龟）包括棱皮龟科和海龟科。海龟的形态结构与陆龟不同，海龟的头部和四肢不能缩回到壳里。四肢浆状，前肢主要用来推动海龟前进，而后肢在游动时掌控方向。海龟的游泳速度不是很快，一般是以游泳缓慢的小动物或海草为食。

棱皮龟一般生活于大洋，食物主要为水母、棘皮动物、蟹类、海鞘类、小鱼虾等小型动物和海藻；蠵龟的食物是多种海洋底栖无脊椎动物，主要是软体动物，还有蟹类、海绵等；玳瑁栖息于热带珊瑚礁海域，摄食附生在珊瑚礁表面的海鞘、海绵、软体动物、苔藓虫等，偶尔也吃海藻或海草；虽然刚孵出的绿海龟在头几个月中是动物食性，以海洋无脊椎动物为食，但成年的绿海龟主要是植物食性，其主要的食物是海草或海藻。

一般来说，海龟类要经过很长时间才能达到性成熟，如绿海龟需要20年、玳瑁需要30年才能达到性成熟。它们在饵料充足的海域觅食生长，然后返回出生地的沙滩上产卵繁殖。海龟每隔2到4年繁殖一次，每年4～7月是海龟类产卵盛季，产卵时爬到海岸沙滩，在高潮线以上的海滩用前后肢掘沙为坑，并在其中产卵，产完卵后用后肢拨沙覆盖卵穴。海龟的卵坑大多在沙下40～80 cm深的地方。卵依靠自然温度在沙中孵化，刚出壳的幼龟白天隐藏在沙中，待天黑后回归海洋。海龟的寿命可长达数百年，根据研究发现，许多海龟活过百年的为数不少。海龟长寿的原因很复杂，可能和它们新陈代谢缓慢、耐饥饿和行动迟缓有一定的关系。

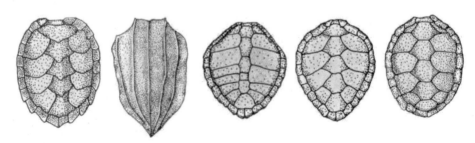

玳瑁、棱皮龟、太平洋丽龟、绿海龟及蠵龟的背甲
（据《龟鳖分类图鉴》，2004）

棱皮龟

学　　名　*Dermochelys coriacea*

别　　名　革龟、革背龟、燕子龟、舢板龟

分类地位　龟鳖目棱皮龟科

形态特征　是最大型的海龟，长达2 m，重约300 kg，该种是唯一具有革质皮的海龟。上颌喙前端有2个齿突。体背具有7条纵棱。头大而圆，不能缩进壳内。四肢桨状，无爪，善于游泳。成体背部暗棕色或黑色，腹部灰白色。

生活习性　棱皮龟主要生活于热带海域的中上层，只有在繁殖季节，每年5~6月间雌龟才会靠近陆地，到海岸沙滩掘穴产卵，每次产90~150枚，65~70天后孵出。吃水母、小型鱼类、节肢动物、软体动物、海藻等。

地理分布　主要分布在辽宁、山东、江苏、浙江、福建、广东、海南、广西等沿海，国外主要分布于太平洋、大西洋和印度洋的热带海域。棱皮龟是我国Ⅱ级重点保护动物。世界自然保护联盟（IUCN）将其列为易危（VU）物种。

棱皮龟稚龟

棱皮龟成龟

玳 瑁

学　名	*Eretmochelys imbricata*
别　名	文甲、十三鳞
分类地位	龟鳖目海龟科

形态特征　体型较小。上颌前端钩曲呈鹰嘴状。上颌突出于下颌。背甲盾片覆瓦状排列，侧甲4块，边缘具锯齿状的突起。前肢大，有2爪，后肢宽短，通常有1爪。背甲棕红色，带有浅黄色云斑。

生活习性　生活于热带、亚热带海域。吃软体动物、甲壳动物、海藻和小鱼。比较凶猛。

地理分布　分布于热带和亚热带海洋，分布广而数量稀少。分布于山东、江苏、浙江、福建、台湾、广东、海南、广西等沿海。国家Ⅱ级重点保护动物，IUCN红色名录评估等级为极危（CR）。

玳瑁

玳瑁

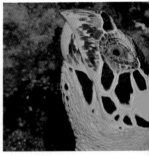

玳瑁的头部

游泳的绿海龟

绿海龟

绿海龟

学　　名　*Chelonia mydas*

别　　名　海龟

分类地位　龟鳖目海龟科

形态特征　绿海龟长可达1 m多，大的个体体重可达100 kg。背面橄榄绿色或棕褐色，腹面灰黄色。背甲盾片平铺镶嵌排列。侧甲4块。吻部短圆，上喙前端不钩曲。四肢呈桨状。前肢比后肢长，内侧各有1个爪。尾短小。

生活习性　主要吃鱼类、藻类、甲壳类、头足类等。每年4～7月为繁殖季节，雌龟在晚上爬上海滩产卵，每年可产卵2～3次，每次产卵91～157枚。卵白色。

地理分布　北起山东，南至北部湾近海均有分布，以南海为多。是我国Ⅱ级重点保护动物，IUCN红色名录评估等级为濒危（EN）。

太平洋丽龟

学　　名　*Lepidochelys olivacea*

别　　名　榄龟

分类地位　龟鳖目海龟科

形态特征　是海龟里面体型最小的种。体背为橄榄绿色，腹面为黄白色。背甲心型，背甲后缘为锯齿状。侧甲6~7块。头部前额鳞2对，喙略呈钩状。四肢桨状，各具1爪。

生活习性　太平洋丽龟为杂食性，主要吃植物性食物，也吃软体动物、海胆等。每年9月到次年1月产卵，繁殖时有集群上岸产卵的现象。每次产90~135枚，白色，球形。

地理分布　黄海南部到南海均有分布。国家Ⅱ级重点保护动物，IUCN 红色名录评估等级为易危（VU）。

太平洋丽龟

太平洋丽龟

蠵 龟

学　　名　*Caretta caretta*

别　　名　红海龟、灵龟、赤蠵龟、灵蠵

分类地位　龟鳖目海龟科

形态特征　与绿海龟相似，体表背甲镶嵌排列，侧甲5块。上、下颌均有钩状喙。四肢扁平，呈桨状，尾短。幼龟背部有3条强棱。背面棕红色，有时带些土黄色或黑色斑纹，腹面棕黄色。

生活习性　蠵龟在海洋中是比较大型而凶猛的动物。杂食性，吃鱼、虾蟹、海藻等。耐饥能力很强。喜欢晒太阳，常常会浮在水面。繁殖季节雌、雄龟上岸交配，产卵。每次产卵130～150枚。45～60天后自然孵化，稚龟出壳后迅速爬向大海。

地理分布　多产于南海、东海，黄海较少。国家Ⅱ级重点保护动物，IUCN 红色名录评估等级为易危（VU）。

游泳的蠵龟

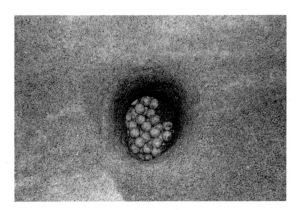

蠵龟的卵

刚产过卵的雌蠵龟

蠵龟稚龟

有鳞目

　　有鳞目是陆栖、水栖、穴居或树栖生活的爬行类，体表被满角质鳞。分布非常广泛，其中一类生活在海洋中，即海蛇。由于终年生活于海水中，海蛇与陆地蛇在结构上有很大的不同。海蛇一般体形较小，成年海蛇一般体长1 m多，绝大多数不超过2 m。扁尾蛇亚科种类腹鳞宽大，鼻孔侧位，尾部侧扁，繁殖时回到陆地或沿岸，和陆地关系密切；海蛇亚科的海蛇更加适应海洋生活，它们一般头部偏小，鼻孔朝上，有瓣膜关闭可以控制水流，防止海水从鼻腔进入体内；海蛇的舌下有盐腺，具有排出随食物进入体内的过量盐分的机能；海蛇躯干部圆柱形，身体表面有鳞片包裹，有鼻间鳞，用于陆地爬行的腹鳞退化，鳞片比较稀疏，体表有裸露处，这些部位的皮肤特别厚，可以防止海水渗入和体液的流失；海蛇具有发达的肺，可从头部延伸至尾部，呼吸时头部伸出水面，换入新鲜空气后又潜入海水中，浅水区的海蛇在水下时间较短，一般不超过30 min，深水区的海蛇潜水时间较长，可长达2~3 h；尾部侧扁如桨状，甚至躯干后部也略侧扁，尾部是游泳的主要器官。

　　绝大多数海蛇分布在印度洋和西太平洋的热带和亚热带海域中，少数几种海蛇，如长吻海蛇、青灰海蛇、环纹海蛇和青环海蛇等在温带海域中也可见到，但是未见于大西洋、红海和地中海。海蛇主要栖息于大陆架和海岛周围的海洋中，栖息于沙底或泥底的海水或珊瑚礁周围，虽然海蛇下潜深度偶尔可到150 m，但很少栖息在超过100 m深水中，一般下潜深度小于30 m。由于海蛇用肺呼吸，所以每隔一段时间就需要上浮进行呼吸；水温低于10℃则活动力下降。海蛇具有集群和趋光习性，平时潜伏海底和珊瑚礁洞穴中，繁殖时常成群游泳或在海面活动。目前发现所有的海蛇都是毒蛇。

蓝灰扁尾海蛇

中国常见海洋生物原色图典·**鸟类 爬行类 哺乳类**

半环扁尾海蛇

学　　名 *Laticauda semifasciata*

别　　名 阔带青斑海蛇

分类地位 有鳞目海蛇科

形态特征 头颈区分不明显；身体圆柱形，前部细长，尾侧扁。鼻孔侧位。全身灰色，具有青褐色环纹35～46个。

生活习性 喜欢在近岸或海岛的礁石和珊瑚礁中栖息。吃小鱼虾。卵生。每年10月到12月间在岩礁或珊瑚礁裂缝中集群产卵。

地理分布 分布于辽宁、福建、台湾海峡。

半环扁尾海蛇

蓝灰扁尾海蛇

学　　名　*Laticauda colubrina*

别　　名　灰海蛇、火烧蛇（台湾）

分类地位　有鳞目海蛇科

形态特征　身体圆柱形，头颈区分不明显，鼻
孔侧位。尾侧扁。体色为蓝灰色，有蓝黑色环
纹38～48个。头部蓝黑色，有1个宽黑斑块，
下方灰黄色。体中段有背鳞21～25行。

生活习性　海产。多栖息于近岸浅滩
的岩礁和沙滩上，喜夜间活动，吃小鱼如海
鳗、康吉鳗。卵生，每次4～7枚。

地理分布　在我国主要分布于台湾沿海。

蓝灰扁尾海蛇头部

蓝灰扁尾海蛇

扁尾海蛇

学　　名　*Laticauda laticaudata*

别　　名　黑唇青斑海蛇

分类地位　有鳞目海蛇科

形态特征　身体呈圆柱形，头颈区分不明显，鼻孔侧位。尾侧扁。体背蓝灰色，具有黑色环纹39～48个。头部黑褐色，有1个黄色马蹄铁形斑。腹面黄色。

生活习性　有宽阔的腹鳞，可在陆地活动。常栖息于近河口岩礁，夜间出没。吃小型鳗鱼。在陆地上交配，卵生。

地理分布　福建和台湾。

扁尾海蛇

淡灰海蛇

学　　名　*Hydrophis ornatus*

别　　名　黑点海蛇、丽斑海蛇

分类地位　有鳞目海蛇科

形态特征　头大，体短，极侧扁。头背黑色、黄橄榄色或灰色，体背淡黄橄榄色或淡灰色。有黑色宽横纹。腹部浅黄色。体鳞六角形。

生活习性　栖息于海岸到50 m水深的岩礁，吃鳗鱼。成体约1 m长。

地理分布　分布于广西、广东、香港、海南、台湾、山东沿海等地。

淡灰海蛇

长吻海蛇

学　　名　*Pelamis platurus*

别　　名　黑背海蛇、细腹鳞海蛇

分类地位　有鳞目海蛇科

形态特征　头窄，体侧扁，特别是尾部。长吻是主要鉴别特征。背面纯黑色，腹面及体侧淡黄色，黑黄两色在体侧分界明显，尾部有黑斑。

生活习性　能远离海岸生活。吃小鱼和甲壳类。卵胎生，每年产仔蛇2尾以上。

地理分布　为分布极广泛的海蛇种类。世界上分布于印度洋、太平洋及其海岛沿岸。国内见于浙江、福建、台湾、山东、广西、广东和海南沿海。

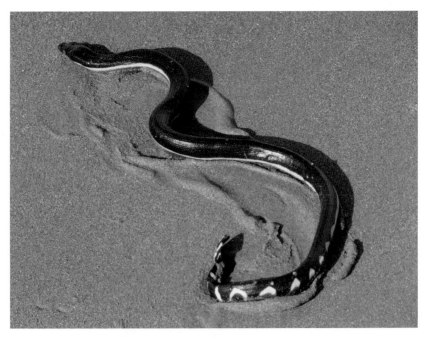

长吻海蛇

青环海蛇

学　　名　*Hydrophis cyanocinctus*

别　　名　海蛇、斑海蛇

分类地位　有鳞目海蛇科

形态特征　躯干略呈圆筒形，体细长，后端及尾侧扁。头橄榄色或浅黄色；背部深灰色，有青黑色环纹，腹部黄橄榄色。

生活习性　生活在海洋中，善游泳，捕食鱼类。繁殖集群，卵胎生。

地理分布　我国沿海均有分布，是我国海蛇中数量最多、分布最广的种类。辽宁、山东、江苏、浙江、福建、台湾、广东、海南岛、广西沿海均有分布。

青环海蛇

哺乳类

概述

　　辽阔的海洋约占整个地球表面积的71%，平均水深3 795 m，地球上97%的水都集中在海洋里。海洋哺乳动物活动范围无比辽阔，跨越了赤道、极地等不同环境。

　　海洋哺乳动物指哺乳类中依赖海洋生态环境的特殊类群（简称海兽），现存130多个物种，一般包括鲸目、海牛目的全部种类和食肉目中的鳍足类以及鼬科、熊科的部分物种。其中，鲸目分为须鲸和齿鲸，现存14科39属89种，我国水域有9科25属38种。海牛目仅有包括儒艮和3种海牛在内的2科4种，我国只有儒艮1种。食肉目中的鳍足类有3科36种，鼬科包括海獭和猫獭在内的1科2种，熊科只有北极熊1科1种。

　　海洋哺乳动物能很好地适应水中的生活，不同种类对海洋的依赖性不同。鲸目和海牛目是完全水栖的哺乳动物，鳍足类、鼬科和熊科都是两栖哺乳动物，它们在陆地和冰面上繁殖、换毛和休息，在海洋中捕食。它们大多需要深潜远游，抵御惊涛骇浪，才能在海洋环境中生存繁衍。海洋哺乳动物不能直接在水下呼吸，需要长时间潜水憋气，面临缺氧环境，这就需要它们具有非常好的储氧系统。鳍足类和鲸类都有庞大而复杂的血管系统，用来储存氧气。此外，它们的肌肉、血液和脾脏也可以容纳高浓度的氧气。它们还能减缓心率并将大部分氧气输送到大脑和心脏等重要器官，从而延长潜水时间，应对水下的缺氧环境。

鲸目

　　大部分的海洋哺乳动物为鲸类，大部分鲸类生活在海洋中，少数几个物种生活在江河中。鲸类具有流线型的身体，两个鳍状的前肢，后肢退化，大多具有背鳍，具有水平的叉状尾鳍，这些特征可以提高它们在水中的游泳速度。鲸类的体毛退化，皮脂腺消失，皮下脂肪增厚。它们的鼻孔位于头顶，边缘具有瓣膜，入水后关闭，有些物种出水呼气时能形成很高的雾状水柱。它们的肺具有弹性，体内具有可以储存氧气的特殊结构，可以在15 min至1 h出水呼吸一次。外耳退化，具有齿的种类为多数同型的尖锥形牙齿。雄性的睾丸终生位于腹腔内，雌性的生殖孔两侧有一对乳房，外被皮囊遮蔽。

　　鲸类可以分为齿鲸和须鲸，其中齿鲸有10科75个种，须鲸有4科14个种。齿鲸口中有细密尖锐的小齿，主要以鱼类、乌贼、其他海洋哺乳动物和海鸟为食物。齿鲸主要分布在海洋，但也有白鱀豚、亚马孙河豚和长江江豚等多个物种独立进入淡水环境中繁衍生息。须鲸为现存最大的哺乳动物，约为最小哺乳类（如鼩鼱）体重的2 000万倍。它们从有齿的祖先演变而来。须鲸主要以小型鱼类、乌贼及甲壳动物（包括磷虾）为食。它们在进食时会高速前进，迅速吸入海水，海水再通过鲸须滤出，保留食物。须板由角质构成，由于经受长期的磨损，这些角质会形成一些貌似毛发之物，称之为鲸须。与齿鲸相比，须鲸除了牙齿退化、拥有须板之外，头部骨骼构造也大不相同。此外，须鲸的体型也往往大于齿鲸，须鲸亚目中包含了世界第一和第二大的生物：蓝鲸和长须鲸。

蓝鲸

蓝 鲸

学　　名　*Balaenoptera musculus*

别　　名　白长须鲸

分类地位　须鲸亚目须鲸科

形态特征　蓝鲸是迄今为止地球上已知最大的物种，雌性略大于雄性，体长可达33 m。体重可至180 000 kg。头部呈蓝色，全身其余部分为蓝灰色，散布有银灰色斑纹，尾鳍下面有放射状淡色条纹；腹部色稍淡，背部有浅色斑点，体侧及下方有许多白色及灰色斑点；鳍肢和尾鳍下面为蓝灰色。背鳍很小，皮肤很有特色。

生态习性　交配系统尚不清楚，但是可与其他大型鲸类杂交，哺乳期幼体每天可以生长90 kg，8个月后断奶。游泳速度快，索饵每小时6～8海里，远游时超过每小时10海里，受到惊吓可达每小时18～20海里，潜水时间一般较短，但长的时候也可达30 min。食物主要为磷虾。

地理分布　世界性分布，除北冰洋外其他大洋均有分布。国家Ⅱ级重点保护动物。IUCN红色名录评估等级为频危（EN）。

> **小贴士**
>
> 鲸鱼睡觉吗？
>
> 鲸鱼也是需要睡觉的，它们的睡眠时间一般在白天，睡觉的姿势是垂直的。鲸鱼一家是以头鲸为中心，围成一圈成辐射状睡觉。而且它们在睡觉的时候，有一半大脑是清醒的，当它们需要呼吸氧气时，这一半大脑就会发出信号使它们浮出海面进行呼吸。

蓝鲸的呼吸孔

蓝鲸标本

大翅鲸

学　　名　*Megaptera novaeangliae*

别　　名　座头鲸、驼背鲸、长翅鲸

分类地位　须鲸亚目须鲸科

形态特征　身体肥大，上颌广阔，由呼咽孔至吻端沿中央线，以及上下颌两侧有瘤状突起。背鳍相对小，位于体后身长的2/3处。鳍肢非常大，约为体长的1/3，为鲸类中最大者，其前缘具不规则的瘤状突如锯齿状。尾鳍宽大，外缘亦呈不规则锯齿状。腹面褶沟较少，有14～35条，由下颌延伸达脐部。背部黑色，并有黑色斑纹，腹部黑色或白色，体色个体变异较大。鳍肢上方白色部分多于黑色部分，下方白色。尾鳍腹面白色，边缘黑色。鲸须每侧有270～400片，须板和须毛皆黑灰色。

生态习性　结群不大，通常结对伴游。游泳速度比较慢。呼吸时喷起的雾柱粗矮，高达4～5 m。深潜水时露出巨大尾鳍，常跃出水面，或侧身竖起一侧鳍肢。每年进行有规律的南北洄游。性成熟年龄8～10岁，性成熟体长雄性12 m，雌性11.6 m，生殖间隔2～3年，妊娠期11～12个月，每次产一胎。初生仔鲸鱼体长4.5～5 m，哺乳期10～11个月，离乳时体长8～9 m。主食小甲壳动物和群游性小型鱼类。

地理分布　大翅鲸分布极广，各大洋均有栖息，南极水域尤多。在我国主要分布于黄海、东海、南海。国家Ⅱ级重点保护动物。

大翅鲸母子对

大翅鲸

抹香鲸家庭

抹香鲸

学　　名　*Physeter macrocephalus*

别　　名　巨头鲸

分类地位　齿鲸亚目抹香鲸科

　　形态特征　抹香鲸是齿鲸中最大的一种，头部巨大如箱型，约为体长的1/3。下颌小而狭长，前段甚尖。呼吸孔位于头顶前段偏左侧。雌雄个体体长差异巨大，雌性远远小于雄性，雄性体长可达19.2 m，雌性体长可达12.5 m。体色多为蓝黑色或黑褐色，有些个体为灰色或灰褐色；腹部一般为暗灰色或灰白色。鳍肢外面与体侧颜色相同，下面有些发亮。背鳍位于体后1/3处，为一侧扁的隆起，与体背颜色相同，尾鳍上下面与体色相似。上颌齿退化，埋藏于齿龈内不外露。

　　生态习性　鲸群的结构特点主要是由不同性别及一雄多雌组成的混合型群，其中雌性较为稳定，雄性性成熟后离开鲸群，形成独立群组。鲸群数量一般20～30头，也有超过50头的大型鲸群。潜水能力强，潜水深度可达3 200 m，用时超过2 h，常在水中嬉戏或跃出水面以及将头或尾露出水面。鲸群有争偶现象，实行一夫多妻制，繁殖期由1头雄性和10～30头雌性组成繁殖群，交配期主要在春末夏初，哺乳期1.6～3.5年，成熟雌性繁殖周期3～5年。捕食多种头足类和其他无脊椎动物，也捕食鱼类。有时会被虎鲸攻击。寿命可达70岁。

地理分布　在世界各大洋都有分布，属温水性鲸种，主要栖息在热带及温带海域，分布水域与主要嗜食的头足类有密切联系。在我国的黄海、东海和南海都有发现抹香鲸。我国有少量抹香鲸标本。国家Ⅱ级重点保护动物。IUCN红色名录评估等级为易危（VU）。

小贴士

为什么抹香鲸喷出的水柱是45°斜向上的？

在人们的常识中，似乎所有鲸喷出来的水柱都是垂直向上的，其实不然，抹香鲸就不是。为什么呢？抹香鲸是世界上比较大的生物，它的头占到了全身的1/3，抹香鲸的大头呈长方体，头顶左前方两侧长着两个鼻孔，左侧鼻孔畅通，可以用来呼吸，右侧鼻孔则天生阻塞，因此抹香鲸在呼吸时身体会向右倾斜，将左侧鼻孔露出，喷出的水柱也以45°角向左前方倾斜，这就是抹香鲸喷水柱倾斜的原因。

水中的抹香鲸

伪虎鲸

学　　名　*Pseudorca crassidens*

别　　名　拟虎鲸

分类地位　齿鲸亚目海豚科

形态特征　体型细长，头部额隆向前突出，口大无吻突。背鳍顶端后倾，后缘凹入呈镰状，位于体背中部稍前方，鳍肢约为体长的1/10，向后显著弯曲，前缘中部凸出，末端尖，尾鳍宽大。全身黑色，鳍肢间胸部色淡，个别于头部两侧为黑灰色。上、下颌每侧有大型尖齿8~11枚，长约8 cm。成体体长雄性可达6 m，雌性达5 m，雄性体重可达2 200 kg。

生态习性　通常结成10余头或数十头的群，也有数百头的大群，游泳中常全身跃出水面，多与瓶鼻海豚群混游。性成熟体长雄性约4.6 m，雌性4 m，繁殖周期长，妊娠期15~16个月，每次产1胎，初生仔体长1.5~2.1 m。食物主要为乌贼类和鱼类。

地理分布　分布范围广，世界各大洋均有分布，主要在暖温带和热带海域。我国渤海、黄海、东海、南海均有分布。国家Ⅱ级重点保护动物。

自然界中的伪虎鲸跳出水面　摄影：林明利

自然界中的伪虎鲸　摄影：林明利

虎　鲸

学　　名　*Orcinus orca*

别　　名　逆戟鲸、杀人鲸

分类地位　齿鲸亚目海豚科

形态特征　头圆，吻突不明显。雄性背鳍高大，可达1.8 m，戟状，似古代兵器。雌性背鳍较低矮，仅60 cm。鳍肢椭圆形。尾鳍宽大，为体长的1/4，后缘有缺刻。背部黑色，腹面白色，眼后上方有椭圆形白斑，背鳍后方有灰白色鞍状斑。腹侧白色部分延伸至肛门上侧。本种体色黑白对照鲜明。尾鳍下方白色，有黑色边缘。上、下颌每侧有圆锥形利齿10~13枚，长8~13 cm。成体雄鲸体长达9.8 m，体重10 000 kg。雌鲸体长达8.5 m，体重7 500 kg。

生态习性　通常5~10头小群活动，数头并排一起游泳，也有30~40头的大群出现。游泳的速度很快，有时整体跃出水面。性成熟雄鲸体长5.8 m，雌鲸5 m，繁殖间隔4~7年，妊娠期16~17个月，每次产1胎。初生仔鲸体长2~2.5 m。分两个生态类型：近岸型有固定栖息地，主食乌贼和鱼类。远洋型有洄游习性，常以海豚、海狗、海狮及海豹为食，甚至袭击大型鲸类。

地理分布　广泛分布于世界各大海洋，从两极冰缘到赤道周边的近岸和海洋均有发现。在我国分布于渤海、黄海、东海、南海。国家Ⅱ级重点保护动物。

小贴士

凶猛虎鲸VS巨大蓝鲸，谁更胜一筹？

蓝鲸是鲸类中体型最大的，而虎鲸则是鲸类当中生性最为残暴的。如果他们相遇开战了，究竟谁能更胜一筹呢？蓝鲸是公认的力气最大的动物，是动物界中的超级"大力士"，但是这位大力士遇到虎鲸的时候，就需要退避三舍了。因为虎鲸生性残暴贪食，牙齿锐利，往往都是组团出行。它们会成群结队攻击蓝鲸，会撕掉蓝鲸的唇，咬掉蓝鲸的舌头，再吃光蓝鲸的头部。虎鲸凶猛的程度与它名字中"虎"一样，在鲸类中所向披靡。

海洋馆中表演的虎鲸跃出水面
摄影：丁宏伟

水中游泳的虎鲸　摄影：丁宏伟

短肢领航鲸

学　　名　*Globicephala macrorhynchus*

别　　名　大吻领航鲸

分类地位　齿鲸亚目海豚科

形态特征　头圆，上颌额隆向前突出、无明显吻突。背鳍宽大于高，后缘凹进，位于体前约1/3处。鳍肢狭长，约为体长的1/6。体黑色或黑褐色，背鳍后有灰白色斑，腹侧喉部至胸部间有似"十"字形灰白斑。上、下颌每侧有齿7~9枚。成体体长5~7 m，雄性体重达3 600 kg。

生态习性　喜集群生活，通常结成10余头或数十头的群，甚至数百头的大群，群中包括少数成年雄鲸和多数成年雌鲸及仔鲸。性成熟体长雄性3.9~4.5 m，雌性3.1~3.2 m。繁殖间隔平均4~5年，妊娠期15个月，初生仔鲸体长约1.4 m，哺乳期12个月甚至数年以上。主食头足类，也吃鱼类。

地理分布　主要分布于太平洋、大西洋和印度洋的热带和温暖带水域。在我国分布于东海、南海。国家Ⅱ级重点保护动物。

短肢领航鲸母子对

短肢领航鲸有宽大的背鳍

中华白海豚

学　　名　*Sousa chinensis*

别　　名　印太洋驼海豚、妈祖鱼

分类地位　齿鲸亚目海豚科

形态特征　中国沿海所获最大中华白海豚体长雄性2.54 m，雌性2.58 m。最大体重雄性206 kg，雌性250 kg。体色随年龄的增长变异很大。初生幼崽体呈深灰色；幼体及未成年个体，背部呈灰蓝色，体侧较淡，腹部灰白色；成体全身呈粉红色或背部、腹部和尾部出现粉红色；老年个体全身几乎呈乳白色；大部分身体具有灰黑色斑点，尤其以头部、背鳍及尾鳍背面明显而密集，两侧较稀。

生态习性　中华白海豚是一种分布在温热带近岸水域有固定栖息地的物种。雌性性成熟时间9～10年，雄性稍晚，交配和产仔没有时间限制，产仔高峰期在春季晚期到夏季，繁殖季节雌雄或母子豚常一起游泳。游泳迅速，平时速度可达每小时约5 km，受到惊吓时每小时可超过15 km。寿命可达40年。

地理分布　主要分布在西太平洋和印度洋的热带和亚热带沿岸水域，属暖水性种；从中国东部长江口到印度马来群岛以及奥里萨邦海岸都有分布。在中国主要分布在海南、广东、广西、香港、澳门、台湾、福建、浙江沿岸。国家Ⅰ级重点保护动物。IUCN红色名录评估等级为易危（VU）。

自然界中刚出生的中华白海豚　摄影：张培君

中华白海豚跃出水面　摄影：刘明明

自然界中的瓶鼻海豚大群体　摄影：先义杰

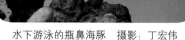

水下游泳的瓶鼻海豚　摄影：丁宏伟

瓶鼻海豚

学　　名　*Tursiops truncatus*

别　　名　宽吻海豚

分类地位　齿鲸亚目海豚科

形态特征　成体体长2.20～3.90 m，雄性成体体长大于雌性，幼体出生时体长100～130 cm。体重可达650 kg。背部和鳍肢为灰黑色或暗灰色，沿体侧下部色淡，腹部为灰色或灰白色；腹部及两侧可能会有一些小斑点；从鳍肢到嘴巴开口的地方有一条模糊的条纹。

生态习性　雄性9～13岁，雌性5～13岁达到性成熟，生殖间隔2～3年，发情交配期在春季到秋季之初，多于春季和夏季产仔；幼体哺乳期为1.5～2年，幼仔6个月后即可捕食。游泳速度较快，远距离移动时，速度可达每小时15海里以上，喜欢跟随船只，潜水时间可达3～4 min。雄性寿命40～45岁，雌性寿命可超过50岁。

地理分布　广泛分布于温带和热带海域，大西洋、太平洋和印度洋的部分沿岸分布较多。瓶鼻海豚在中国南北各海区都有分布。国家Ⅱ级重点保护动物。

印太瓶鼻海豚

学　　名　*Tursiops aduncus*

别　　名　南瓶鼻海豚

分类地位　齿鲸亚目海豚科

形态特征　成体体长2.7 m，体重可达230 kg，雄性比雌性更大；幼体出生时体长85~112 cm。体背面灰黑色，体侧色淡，腹面灰黑色或白色，背鳍黑色且呈镰刀状，鳍肢外侧灰黑色；白色区散布灰色斑点，长5~30 mm，宽3~5 mm，有些个体斑点大，分布密集，有些个体斑点小，分布稀疏；呼吸孔至吻突基部、眼至吻突基部和眼至鳍肢基部各有一条暗色带，口角上方至吻突基部有一条白色条纹，背鳍基部有一条白色条纹；眼睛周围有黑色环。该种比瓶鼻海豚小，外形与瓶鼻海豚极为相似，腹部有斑点。

生态习性　性成熟个体略小于瓶鼻海豚，繁殖活动可以发生在每年的任何时期，生殖间隔2~3年，繁殖高峰在每年的春夏季节，幼体哺乳期为18~24个月。游泳速度较快，喜欢跟随船只，在船首乘波齐进，常全身跃出水面。

地理分布　属于暖水性近岸分布物种，主要分布于太平洋和印度洋的热带海域。在中国主要分布在南海，国家Ⅱ级重点保护动物。

印太瓶鼻海豚腹部有许多斑点　摄影：张培君

自然界中的印太瓶鼻海豚群体　摄影：林明利

自然界中的热带斑海豚群体 摄影：林明利

热带斑海豚背部腹部的斑点 摄影：林明

热带斑海豚

学　　名 *Stenella attenuata*

别　　名 点斑原海豚

分类地位 齿鲸亚目海豚科

形态特征 成年雄性体长可至1.60~2.60 m，雌性体长1.60~2.40 m，幼体出生时体长80~85 cm，体重可达120 kg。体背蓝黑色，体侧浅灰色，嘴唇和喙部呈白色；幼体无斑点，成体有斑点，背部的黑色部分具有白斑，腹面由黑白斑构成浅色部；眼睛周围黑色，至吻突基部有一黑色带逐渐变细，于额隆前端合拢。

生态习性 性成熟年龄雄性12~15岁，雌性9~11岁，也出现过早熟个体，妊娠期11.5个月，哺乳期随种群变化，生殖间隔2~3年。游泳迅速，速度至少每小时22 km，有潜水3.4 min的记录，数头为一组齐头跃进，此起彼伏，常整体跃出水面1~2 m高，喜欢跟随船只，在船首乘波逐浪。

地理分布 属外洋性温水种，分布于太平洋、印度洋和大西洋的热带和温带水域；在我国主要分布在东海南部及南海区域，尤以北部湾和台湾周边海域发现较多。国家Ⅱ级重点保护动物。

太平洋斑纹海豚与鱼群共游　摄影：丁宏伟　　　　　　　太平洋斑纹海豚表演　摄影：丁宏伟

太平洋斑纹海豚

学　　名　*Lagenorhynchus obliquidens*

别　　名　镰鳍斑纹海豚

分类地位　齿鲸亚目海豚科

形态特征　体长2～2.3 m，雄性最大体长2.5 m，雌性最大体长2.4 m，幼体出生时体长80～95 cm，体重75～90 kg，成年个体体重可达198 kg。体背黑色或黑灰色，腹部白色；头和上额为黑色，下颌仅唇部为黑色，其余大部分为白色；背鳍前缘、鳍肢和尾鳍为黑色或黑灰色，后缘为灰白色；从口角绕过鳍肢经体侧下方到达肛门有一条黑色带；新生个体淡橙黄色，幼年个体比成年个体更亮一些。

生态习性　性成熟时体长1.70～1.80 m，妊娠期10～12个月，哺乳期约1年。游泳活泼、速度快，随船乘波逐浪，可跃出水面2 m多高，平时游泳速度较慢，4～6海里/时，紧急时可达30海里/时，有潜水超过6 min的记录。有被虎鲸捕杀的记录。

地理分布　分布于北太平洋20°以北的北美和沿岸海域；在我国主要分布在黄海、东海和南海区域。国家Ⅱ级重点保护动物。

窄脊江豚

学　　名　*Neophocaena asiaeorientalis*

别　　名　江猪、海猪

分类地位　齿鲸亚目鼠海豚科

形态特征　头圆，无吻，成年个体体长可达1.7 m，幼体出生时体长75～85 cm。个体间体色差异很大，全身铅灰色或深灰色，或浅灰色，出生时呈亮灰色，老龄者体色淡。

生态习性　分为淡水亚种（长江江豚）和海水亚种（东亚江豚），两个亚种外形相近，区别在于东亚江豚背部有矮矮的背鳍状隆起，长江江豚的背部隆起退化为一条背脊线。繁殖期单一水域内数量可至成百头。江豚有季节性长距离迁移的习性，这种迁移与饵料和生殖有关。长江江豚性成熟年龄多为3～6岁，产崽时间因地区而异。游泳敏捷，捕食时可迅速拐弯；活泼性较低，但可跃出水面1 m多高，有随流游走习性，寿命可达18～25年。

地理分布　长江江豚仅分布于长江中下游地区及附属湖泊；东亚江豚分布于西太平洋冷温带近岸水域，我国各海区均有分布，终年可见，通常栖息在咸淡水交汇区域。国家Ⅱ级重点保护动物。IUCN红色名录评估等级为濒危（EN）。

人工条件下正在生产的长江江豚　摄影：张培君

长江江豚的嘴型像是在微笑　摄影：王超群

白　鲸

学　名　*Delphinapterus leucas*

分类地位　齿鲸亚目一角鲸科

形态特征　头圆，无吻，雄性体长一般不超过5.5 m，雌性不超过4.3 m，体重可达1 600 kg。初生个体呈深灰色，之后会迅速转变成棕灰色；随着年龄的不断增加，在5至12岁时变成全白色，有些成年个体会呈现淡黄色。

生态习性　雄性8岁、雌性5岁达到性成熟，春季到秋季产仔，哺乳期约2年。游泳缓慢，在水面滚动，潜水可达25 min，深度可大于800 m，有时跃出水面观察，活泼时会摆尾。估计寿命至少40年。虎鲸和北极熊会捕杀白鲸。

地理分布　仅分布在北半球高纬度地区，主要在北极地区，既可在深海分布，也可在浅海分布，浅海分布主要出现在夏季。我国海域无自然分布。国家 II 级重点保护动物。

白鲸头部特写　摄影：丁宏伟

水下展窗里的白鲸　摄影：丁宏伟

柏氏中喙鲸

学　　名　*Mesoplodon densirostris*

别　　名　瘤齿喙鲸

分类地位　齿鲸亚目喙鲸科

形态特征　喙较长，下颌近口角处隆起，尤以雄性更显著，甚至高出上颌线。喉部有V形沟。背鳍顶端微尖，后缘凹入，鳍肢小，为体长的1/10。尾鳍后缘无缺刻。背部黑灰色或棕灰色，腹侧稍淡，身上布满条痕，雄性体表散布许多圆形白色伤痕斑点，下颌隆起的顶端生有一对大型齿，雄性尤为显著。成体体长可达5 m，初生仔体长2.25 m。

生态习性　远洋性暖水种，一般单独或成对游泳，也有3～7头小群。食物主要为头足类和鱼类。潜水深度超过1 400 m，潜水时间可达54 min，大部分时间于水面以下50 m以内区域活动。

地理分布　主要分布于热带和亚热带海域，属广布种，在我国分布于南海、台湾省海域。国家Ⅱ级重点保护动物。

雌性

雄性

柏氏中喙鲸外观

自然界中的北海狮大群体　摄影：张先锋

食肉目

　　食肉目中的海洋哺乳动物包括鳍足类、海獭、猫獭和北极熊。鳍足类起源时间最早，最早的鳍足类化石发现于北半球的中新世地层中。据推测它们是在同一时代从两地起源的。在北太平洋起源于狗状陆生食肉类，它演变为海狮科和海象科；在北大西洋起源于海獭状陆生食肉类，它演变为海豹科。鳍足类中包括海狮、海豹和海象3科共计36个种，鼬科有1科2种，分别为海獭和猫獭。熊科只有北极熊1科1种。

水中的北海狮
摄影：丁宏伟

北海狮

学　　名　*Eumetopias jubatus*

别　　名　斯氏海狮

分类地位　鳍足亚目海狮科

形态特征　为海狮科最大的一种，面部短宽，吻部钝，眼和外耳郭相对较小，触须很长。前肢较后肢长且宽，前肢第一趾最长，爪退化。后肢的外侧趾较中间三趾长而宽，中间三趾具爪。全身被短毛，仅鳍肢末端裸露。雄性成体颈部周围及肩部生有较长而粗的鬃毛，体毛为黄褐色，背部毛色较浅，胸及腹部色深。初生仔兽具密集的棕色绒毛。

生态习性　多集群活动，有时在陆岸可组成上千头的大群，但在海上常发现有1头或十数头的小群体。它们主要聚集在饵料丰富的地区。在5～7月间的繁殖季节，雄兽先期到达繁殖场占领地盘，把陆续到来的性成熟雌兽聚集在自己周围组成"生殖群"，一头雄兽往往占有20头以上的雌兽，到达繁殖场数日内雌兽即产崽，每胎1崽，分娩后不久便可交配。雄兽生后5～7年，雌性生后4～5年达性成熟。食物主要为底栖鱼类和头足类。

地理分布　分布于北太平洋的寒温带海域。在我国无分布，在辽宁省大洼县、江苏省启东县曾有发现。国家Ⅱ级重点保护动物。

斑海豹正在野外礁石上休息

摄影：张培君

斑海豹

学　　名　*Phoca largha*

别　　名　海狗、腽肭兽

分类地位　鳍足亚目海豹科

形态特征　成年雄性体长可至1.61～1.7 m，雌性体长1.51～1.7 m，幼体出生时体长77～92 cm。成年雄性体重可至85～110 kg，雌性体重65～115 kg，幼体出生时体重7～12 kg。身上有很多斑点，大多数斑点呈现黑色且分布均匀，大小和颜色不相同，有些斑点像是几个斑点融合在一起。背部有灰黑色的外套，外套在背部中线部位颜色最深，两侧和腹部从白灰色变成银灰色，在外套上有一些亮环和暗一点的环。

生态习性　斑海豹是鳍足类动物中唯一能在中国海域繁殖的物种。雄性4～5岁，雌性3～4岁达到性成熟；1月到4月中旬进行繁殖，只在冰上进行，但是在一些地区有记录到斑海豹在陆地繁殖；斑海豹是一夫一妻制，雌雄个体在水中交配，幼体哺乳期为3～4周，岸上能观察到的数量在3月中下旬达到高峰。寿命超过35年。

地理分布　分布于北太平洋及西北太平洋的极地、亚极地地区。在我国主要分布在我国和韩间的黄海区域，国家Ⅱ级重点保护动物。

小贴士

如何区分海豹与海狮?

海豹和海狮长得很像,大致一看,无法进行辨别,但实际上它们还是有很多区别的。首先,海狮没有斑点,海豹身上有斑点,有些整体都是花的;其次,海狮有对很可爱的耳朵,也就是外耳,而海豹只有耳洞,没有耳部轮廓;再看看爪子,海狮的爪子像鱼鳍,海豹的爪更像猫爪;而且海豹整体看上去头部比较小,海狮相对较大一些,也更尖一点;海狮的脖子比较长,海豹几乎没有脖子;海狮能抬起上半身,海豹不能。此外,海豹和海狮的游泳姿势也不一样。

野外海冰上刚出生的斑海豹母子对　摄影:马志强

海 象

学　　名　*Odobenus rosmarus*

分类地位　鳍足亚目海象科

形态特征　体粗壮，头小，吻端钝，无外耳郭。体被短毛，老年时脱落裸露，皮肤多皱。后肢能弯向前方，四肢均具5趾、有爪、被毛。雄兽上颌有1对很大的齿，长可达1 m。雄性和雌性海象都有触须，这种敏感的触须能够沿着海底定位食物来源。触须能长到15 cm，但是经常磨损。

生态习性　海象是群栖性动物，在冰冷的海水中和陆地的冰块上过着两栖的生活，每群可从几十只、数百只到成千上万只。视觉较差，但嗅觉与听觉却颇为敏锐。海象喜欢在浅海沿岸软体动物较为丰富的砂砾底质处觅食，吻部的硬髭可用来帮助探触淤泥中的食物。海象的食性较杂，但不吃鱼，主要以软体动物为食，也捕食乌贼、虾蟹和蠕虫等，有时也偶尔吞食少量水中幼嫩植物和海底的有机质沉渣等。

地理分布　北极地区的特产动物，分布在以北冰洋为中心，也包括大西洋和太平洋的最北部一带海域，向南的记录最远在40° N～58° N。我国海域无自然分布，国家Ⅱ级重点保护动物。

自然界中的海象母子对

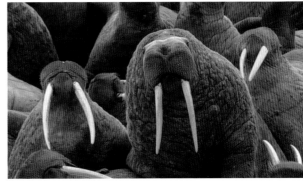

自然界中的海象群体

海牛目

　　海牛目是完全水生、草食性的哺乳动物，它们生活在沼泽、河流、河口、海洋湿地和沿海。海牛目拥有相对较大的圆形身体、下垂的嘴、短圆形桨状脚蹼和水平方向的尾鳍。海牛目现存2科4种（儒艮科：儒艮，海牛科：西印度海牛、西非海牛、亚马孙海牛）。海牛和儒艮很容易区分，因为海牛的体型较小，尾巴呈圆形而儒艮呈锯齿状，能够在任意水层进食。而儒艮由于嘴部太过向下，只能在海底捕食。

　　儒艮分布于东非、亚洲、澳大利亚和新几内亚。海牛科中的西印度海牛和西非海牛早期分离而独立成种，推测它们的共同祖先穿过大西洋游到非洲，所以这两者既能在海水环境生活，又能在淡水生活。亚马孙海牛在200万～500万年前的上新世，安第斯山脉升高时，亚马孙河流域由太平洋改道到大西洋，它就被限制在亚马孙河及其支流中，因而不能栖于海水。海牛的化石在南美、北美、西非等地经常被发现，说明海牛起源后很快向各地扩展，沿着大西洋两侧发展。儒艮的化石在非洲、欧洲、北美、西印度群岛均被发掘，主要在太平洋和印度洋演化。从身体结构和智力来看，它们的御敌能力并不强，之所以能生存至今，主要是因为它们以海草为食，竞争者少。选择浅海栖息，是因为虎鲸和鲨鱼不常到这种环境中来，比较安全的缘故。

小贴士

为什么海牛很怕痒？

海牛有一个独一无二的特点就是怕痒，海牛可能是世界上最怕痒的生物，因为它们和别的哺乳动物都不一样，全身都长满了非常敏感的体毛。打个比方，盲人的阅读依靠手指的触觉，他们的手指能分辨芝麻大小的盲文，而海牛胡须的敏感度是盲人手指的两倍，甚至比大象的鼻子还要敏感，海牛全身长了5 300多根感觉毛，相当于长了一身的胡须。对于海牛来说，怕痒是一项很重要的生存技能。海牛的视力不太好，没有回声定位系统，对水中的化学物质也不敏感，但是这些都没关系，依靠它们全身的感觉毛和对触摸很敏感的大脑，它们在海水里照样可以摸到吃的，还能分辨哪些能吃，哪些不能吃。

小贴士

海牛到底有多呆？

海牛是一种温柔圆润的海洋哺乳动物，别看海牛看起来是个庞然大物，无懈可击，但实际上它们真的很呆，有很多弱点呢。弱点一：很瞎，海牛的眼睛很小，视力非常差；弱点二：路痴，海牛的身体里没有像海豚一样的回声定位系统，不能辨别方向；弱点三：味痴，海牛对海水中的化学物质不是很敏感；弱点四：脑子太简单，和陆地上的牛相比，海牛的大脑非常平滑，没有什么沟回，这说明海牛可能比较缺心眼；弱点五：太轻信人类，海牛非常喜欢亲近人类，会主动观察人类船只，因此经常被轮船撞到；弱点六：脾气太好，海牛的大脑中和社交和情绪有关的脑区较小，因此，它们非常友善。即使被突然打扰，它们也不会大发脾气，连科学家们都不明白海牛这么呆，到底是怎么生存下来的！

儒 艮

学　　名 *Dugong dugon*

别　　名 美人鱼

分类地位 海牛目儒艮科

形态特征 体呈流线形，头部较小，前端呈截面的盘状，吻端向下倾斜。生有浓密的触毛，口向腹面张开。眼甚小，位于头两侧中部。鼻孔位于头背而近前端，比海牛更靠近于脸面的顶部。耳孔很小。无背鳍。鳍肢椭圆形，尾鳍像鲸类一样后缘凹入呈新月形，无缺刻。雌性有乳房一对，位于鳍肢腋下。成体背部灰黄色，腹面色淡。皮肤较粗糙且多有皱纹，全身散布有稀疏的短毛。新生仔兽体呈淡黄色。成年体长约3.3 m，体重400 kg。

生态习性 多单独及2～3头或组成小群活动，很少集成大群。其分布同水温、海流以及所嗜食的海草生长区域有密切关系。喜栖息在沿岸海草丛生的浅水域，很少游向外海。有时游入河口，但不在淡水中栖息。常在涨潮时随海流进入海湾内港吃食海草，落潮时又随海流退出。游泳速度很慢。潜水时间约8 min。几乎全年都可以进行繁殖，有些种群的产崽盛期在6～9月。妊娠期13～14个月，每次产一胎。食物为各种海底植物，嗜食海草。

地理分布 广泛分布于太平洋和印度洋热带及亚热带近岸水域，在中国南海的广西、海南、广东、台湾海域原有分布，现可能已绝迹。国家Ⅰ级重点保护动物。IUCN红色名录评估等级为易危（VU）。

水中的儒艮

儒艮的头部